# 上海市工程建设规范

# 智能建筑工程技术标准

Technical standard for intelligent building construction

DG/TJ 08—2050—2022

J 11325—2022

主编单位：上海市安装行业协会
上海市安装工程集团有限公司
上海市智能建筑建设协会
批准部门：上海市住房和城乡建设管理委员会
施行日期：2023 年 2 月 1 日

U0250703

同济大学出版社

2023　上海

**图书在版编目(CIP)数据**

智能建筑工程技术标准／上海市安装行业协会,上
海市安装工程集团有限公司,上海市智能建筑建设协会主
编. —上海:同济大学出版社,2023.9
ISBN 978-7-5765-0755-3

Ⅰ. ①智… Ⅱ. ①上… ②上… ③上… Ⅲ. ①智能化
建筑－建筑工程－技术标准 Ⅳ. ①TU18-65

中国国家版本馆 CIP 数据核字(2023)第 172125 号

**智能建筑工程技术标准**

上海市安装行业协会
上海市安装工程集团有限公司　**主编**
上海市智能建筑建设协会

责任编辑　朱　勇
助理编辑　王映晓
责任校对　徐春莲
封面设计　陈益平

出版发行　同济大学出版社　　www.tongjipress.com.cn
　　　　　(地址:上海市四平路 1239 号　邮编:200092　电话:021-65985622)
经　　销　全国各地新华书店
印　　刷　浦江求真印务有限公司
开　　本　889mm×1194mm　1/32
印　　张　5.875
字　　数　158 000
版　　次　2023 年 9 月第 1 版
印　　次　2023 年 9 月第 1 次印刷
书　　号　ISBN 978-7-5765-0755-3
定　　价　60.00 元

# 上海市住房和城乡建设管理委员会文件

沪建标定〔2022〕566 号

## 上海市住房和城乡建设管理委员会
## 关于批准《智能建筑工程技术标准》为
## 上海市工程建设规范的通知

各有关单位：

由上海市安装行业协会、上海市安装工程集团有限公司和上海市智能建筑建设协会主编的《智能建筑工程技术标准》，经我委审核，现批准为上海市工程建设规范，统一编号为 DG/TJ 08—2050—2022，自 2023 年 2 月 1 日起实施。原《智能建筑工程应用技术规程》DGJ 08—2050—2008 和《智能建筑施工及验收规范》DG/TJ 08—601—2009 同时废止。

本标准由上海市住房和城乡建设管理委员会负责管理，上海市安装行业协会负责解释。

上海市住房和城乡建设管理委员会

2022 年 10 月 25 日

# 前　言

根据上海市住房和城乡建设管理委员会《关于印发〈2019年上海市工程建设规范、建筑标准设计编制计划〉的通知》（沪建标定〔2018〕753号）的要求，编制组经广泛调查研究，结合近年来原标准实施的工程总结及智能应用系统技术不断进步的成果，将上海市工程建设规范《智能建筑工程应用技术规程》DG/TJ 08—2050—2008和《智能建筑施工及验收规范》DG/TJ 08—601—2009两部标准进行合并，在反复征求意见的基础上修订成本标准。

本标准的主要内容有：总则；术语和符号；基本规定；管线敷设；建筑设备管理系统；建筑火灾自动报警系统；安全技术防范系统；信息设施系统；建筑智能化集成系统；机房工程；建筑防雷与接地。

本次修订的主要内容有：

1. 增加了第3章基本规定。

2. 对智能建筑的分类作了相应调整。

3. 增加了6节内容：建筑能效监管系统；安全防范管理（平台）系统；信息导引及发布系统；客房控制系统；时钟系统；智能家居系统。

4. 对其他各章内容进行了适时的技术提升、补充完善和必要的修改。

各单位及相关人员在本标准执行过程中，请注意总结经验，积累资料，并将有关意见和建议反馈至上海市住房和城乡建设管理委员会（地址：上海市大沽路100号；邮编：200003；E-mail：shjsbzgl@163.com），上海市安装行业协会（地址：上海市甜爱路36号；邮编：200081；E-mail：SAX66GC@163.com），上海市建筑建材业市场管理总站（地址：上海市小木桥路 683 号；邮编：200032；E-mail：shgcbz@163.com），以供今后修订时参考。

主 编 单 位：上海市安装行业协会
上海市安装工程集团有限公司
上海市智能建筑建设协会

参 编 单 位：上海金桥信息股份有限公司
上海云思智慧信息技术有限公司
万安智能建筑设计研究院华东分院
上海涵鼎智能科技有限公司
上海灵佳自动化信息技术有限公司
上海电信工程有限公司
和源通信（上海）股份有限公司
上海科信建筑智能化工程有限公司
中国二十冶集团有限公司
五冶集团上海有限公司
上海宝冶集团有限公司

主 要 起 草 人：裈丽婷　王　汇　杨家骅　汪名亮　应　寅
虞定辉　侯军旗　林永健　董　勇　顾牧君
赵祎博　张　义　许坚翔　刘谢方　应　浩
吴文斌　宋赛中　刘雄新　李　凯　黄志长
曹丽莉

主 要 审 查 人：何晓燕　黄文琦　马书广　包顺强　孔繁平
张鸣镝　朱明言

上海市建筑建材业市场管理总站

# 目　次

# Contents

# 1 总　则

**1.0.1**　为规范本市智能建筑工程的建设，提高智能建筑的工程质量，做到安全可靠、技术先进、功能完善、经济合理、节能环保，制定本标准。

**1.0.2**　本标准适用于新建、改建和扩建工程中的智能建筑工程设计、施工、调试、检测和验收。本标准不适用于数据中心机房及特殊功能建筑特有的专用智能化系统。

**1.0.3**　智能建筑工程建设除应符合本标准规定外，尚应符合国家、行业和本市现行有关标准的规定。

# 2 术语和符号

## 2.1 术语

**2.1.1** 智能建筑 intelligent building

以建筑物为平台,基于对各类智能化信息的综合应用,集架构、系统、应用、管理及优化组合于一体,具有感知、传输、记忆、推理、判断和决策的综合智慧能力,形成以人、建筑、环境互为协调的整合体,为人们提供安全、高效、便利及可持续发展功能和环境的建筑。

**2.1.2** 建筑设备监控系统 building equipment automation system

将建筑物(群)内的电力、照明、空调、给排水等机电系统设备或系统进行集中监视、控制和管理的自动化系统。通常为分散控制、集中监视与管理的计算机控制系统。

**2.1.3** 火灾自动报警系统 automatic fire alarm system

探测火灾早期特征、发出火灾报警信号,为人员疏散、防止火灾蔓延和启动自动灭火设备提供控制与指示的消防系统。

**2.1.4** 安全技术防范系统 security technology protection system

以安全为目的,综合运用实体防护、电子防护等技术构成的防范系统。

**2.1.5** 监控中心 control center

接收处理系统信息、处置报警事件、管理控制系统设备的中央控制室,通常指建筑物(群)的消防控制中心、安全监控中心、应急指挥中心等。

**2.1.6** 安全防范管理系统 security and prevention management system

对安全技术防范系统的各子系统及相关信息系统进行集成,

实现实体防护系统、电子防护系统和人力防范资源的有机联动、信息的集中处理与共享应用、风险事件的综合研判、事件处置的指挥调度、系统和设备的统一管理与运行维护等功能的硬件和软件组合。

**2.1.7 信息设施系统 information facility system**

为满足建筑物的应用与管理对信息通信的需求,将各类具有接收、交换、传输、处理、存储和显示等功能的信息系统整合,形成的建筑物公共通信服务综合基础条件的系统。

**2.1.8 智能化集成系统 intelligent integration system**

为实现建筑物的运营及管理目标,基于统一的信息平台,以多种类智能化信息集成方式,形成的具有信息汇聚、资源共享、协同运行和优化管理等综合应用功能的系统。

## 2.2 符 号

AIM——自动化基础设施管理;

AP——无线网络接入点;

BBU——室内基带处理单元;

BIM——建筑信息模型;

CANBUS——串行总线系统;

C/I——载干比,也称干扰保护比;

CMR——主干级燃烧性能分级电缆分级;

DDos——分布式拒绝服务攻击;

Ec/Io——指手机当前所接收到的有用信号占所有信号的比例;

EDID——扩展显示标识数据;

FER——误帧率;

HFC——混合光纤同轴网;

IoT——物联网;

MDU——光网络多用户单元；

MCU——多点控制单元；

MPO/MTP——光纤多芯连接器类型；

MTBF——平均无故障工作时间；

NB‐IoT——窄带物联网；

NTP——网络时间协议；

ODN——光分配网；

OFNR——主干级燃烧性能分级光缆分级；

OLT——光线路终端；

ONU——光网络单元；

PDCP——分组数据汇聚协议；

Ping——网络测试连接；

POL——无源光局域网；

PON——无源光网络技术；

Portal——门户系统；

RCU——客房智能控制器；

RRU——远端射频模块；

RSRP——下行参考信号的接收功率；

RSSI——接收的信号强度指示；

SDH——同步数字系列；

SINR——信号与干扰和噪声比；

SNTP——简单网络时间协议；

SNMP——简单网络管理；

SSID——服务集标识；

TM——发射模式；

UPS——不间断电源系统；

VCT——视频会议终端；

VAV——变风量系统；

VLAN——虚拟局域网。

# 3 基本规定

## 3.1 工程设计

**3.1.1** 智能化专项设计根据需要可分为方案设计、初步设计、施工图设计及深化设计四个阶段，各阶段设计文件编制应符合下列规定：

**1** 方案设计文件应满足编制初步设计文件的需要和方案审批或报批的要求。

**2** 初步设计文件应满足编制施工图设计和初步设计审批的需要。

**3** 施工图设计文件应满足设备材料采购、非标准设备制作和施工的需要。

**4** 深化设计文件应满足设备材料采购、非标准设备制作、施工和调试的需要。

**3.1.2** 施工图设计应符合下列规定：

**1** 设计应考虑总体规划的完整性与分期实施的可能性，系统应具有良好的可扩展性、可升级性及经济性，设计文档应包括但不限于图纸目录、设计说明、主要设备及材料表、设计图、点表以及与第三方设备连接的接口和协议。

**2** 图纸目录应按图纸序号排列，先列新绘制图纸，后列选用的重复利用图和标准图；先列系统图，后列平面图。

**3** 设计说明应包括工程概况、设计依据、设计范围、设计内容、各系统施工要求和注意事项、设备主要技术要求、与相关专业及相关管理部门的技术接口及专业分工界面说明等。

**4** 主要设备及材料表应注明主要设备及材料的名称、规格、单位和数量。

**5** 设计图应包括总平面图、图例、各子系统的系统图、原理图、各子系统的平面图以及安装详图等。

**3.1.3** 深化设计应符合下列规定：

**1** 深化设计应满足业主单位的使用和管理要求，应符合原设计意图，根据中标产品进行深化设计，深化设计图纸经设计单位审核后方可进行施工。其文档应包括但不限于图纸目录、深化设计说明、系统图、平面图、机房详图、设备安装详图、机柜（箱）布置图、主要设备及材料清单。

**2** 深化设计说明应包括所采用的设计标准、主要施工工艺、管线桥架的施工工艺及要求、系统图例说明与平面图中各种标注的含义。

**3** 系统图应包含各种设备的名称、型号和数量、设备的安装位置、设备间连接方式、线路数量和型号、联动接口和方式等。

**4** 平面图应标明线缆的型号及走向，管线桥架应标明敷设方式，其走向及敷设方式应符合线缆的最小弯曲半径及电气防护的要求。

## 3.2 工程施工

**3.2.1** 工程所采用的设备及主要材料除应符合制造商提供的技术标准及合同约定的技术参数、性能要求外，尚应符合现行国家标准的规定。

**3.2.2** 系统施工条件应符合下列规定：

**1** 项目设计文件、系统和设备的现行国家标准、系统设备的使用说明书等技术资料应齐全。

**2** 设计单位应向建设、施工、监理单位进行技术交底，明确相应技术要求。

**3** 系统设备、组（配）件以及材料应齐全，规格型号应符合设计要求。

**4** 与系统施工相关的预埋件、预留孔洞等应符合设计要求。

**5** 施工现场及施工中使用的水、电、气应满足连续施工的要求。

**3.2.3** 机房机柜(箱)及设备安装应符合下列规定:

**1** 机架或机柜(箱)的底座应与地面固定,机架上设备、部件应在机柜(箱)固定后进行安装。

**2** 安装在机架内的设备应牢固、排列整齐。

**3** 机架上的螺栓应牢固,垫片和弹簧垫片不得遗漏。

**4** 机柜(箱)内的设备安装应按设备安装说明书的要求留有足够的散热空间。

## 3.3 调试与试运行

**3.3.1** 系统调试条件应符合下列规定:

**1** 各子系统的系统图、原理图、平面图、机柜(箱)布置图、接线图(表)、点位表、设备的产品使用说明等文件,系统调试大纲、工程合同规定的其他图纸和技术要求等技术资料应齐全。

**2** 系统调试环境要求应符合设备使用说明书的规定。

**3** 系统软件编制完成,各类设备安装状况良好,系统电源供电正常。

**4** 应根据调试大纲、设计图纸、系统工艺及相关技术资料编制调试技术方案,并对调试人员进行技术交底,调试人员应按本标准和调试大纲要求完成调试准备工作。

**5** 系统调试前与其相关专业的工作内容应完成,且符合调试要求。

**3.3.2** 调试过程应建立完整的调试记录与调试报告,详见本标准第 B.0.1 条。

**3.3.3** 系统试运行应符合下列规定:

**1** 试运行开始后应填写试运行记录,连续正常运行时间不应少于 120 h。

**2** 试运行中的人员安排、随机功能测试范围和计划系统功能应符合设计要求。

**3** 试运行结束后应出具试运行报告。

## 3.4 检测与验收

**3.4.1** 施工现场技术管理可按本标准第 A.0.1 条的要求进行检查。

**3.4.2** 系统检测应符合下列规定:

**1** 施工单位应自检合格并提供相关技术文件、工程实施及质量控制记录。

**2** 采用第三方检测时,第三方检测机构应为国家相关管理部门认可的检测机构,第三方检测后应出具正式的检测报告。

**3** 检测中出现不合格项时,应整改后进行复测;复测时抽样数量应加倍,复测仍不合格则判该项不合格。

**3.4.3** 系统验收条件应符合下列规定:

**1** 系统调试完成,填写调试验收记录表和系统功能验收记录表详见本标准第 C.0.2 条和第 C.0.3 条,各检测主要指标符合设计文件规定。

**2** 对接收单位完成技术培训,并出具培训记录。

**3** 系统验收前应提交完整的工程竣工资料。

# 4 管线敷设

## 4.1 一般规定

**4.1.1** 电缆梯架、槽盒、刚性导管设计应符合现行国家标准《民用建筑电气设计标准》GB 51348 的相关规定。

**4.1.2** 电缆梯架、槽盒、刚性导管应进行抗震设防,且应符合现行国家标准《建筑机电工程抗震设计规范》GB 50981 的相关规定。

**4.1.3** 新建、改建和扩建工程宜选用节能环保的新型桥架、槽盒及导管。

## 4.2 桥架、槽盒及导管安装

**4.2.1** 桥架、槽盒适用于电缆数量较多或较集中的场所,桥架、槽盒、导管与其他机电专业管线宜采用 BIM 技术进行综合布置。

**4.2.2** 当采用电缆梯架、金属槽盒、金属导管、刚性塑料导管布线进行正常环境的室内场所安装时,吊架或支架的设置应符合现行国家标准的规定。

**4.2.3** 不同类别的电缆及缆线宜采用不同颜色涂层的彩色桥架和槽盒敷设。

**4.2.4** 建筑物内采用导管、槽盒敷设电缆时,明敷的塑料槽盒、导管应采用阻燃性能为 B1 级的难燃制品,敷设在不同环境及部位的安装要求应符合现行国家标准。

**4.2.5** 当金属导管、刚性塑料导管、电缆梯架或电缆槽盒穿越防火分区时,其空隙应采用相当于建筑构件耐火极限的不燃烧材料填塞密实,并应在贯穿部位附近设置抗震支撑,抗震支撑节点应与结构可靠连接。

4.2.6 当金属导管、刚性塑料导管、电缆梯架或电缆槽盒穿越抗震缝时，宜靠近建筑物下部穿越，且在抗震缝两侧应各设置一个柔性管接头，并应在抗震缝两侧设置伸缩节。

4.2.7 电缆桥架、槽盒与各种管道平行或交叉时，其最小净距应符合现行国家标准《民用建筑电气设计标准》GB 51348 的相关要求。

## 4.3 线缆敷设

4.3.1 电线电缆应按工程要求和国家相关标准，选用普通电线电缆、阻燃电线电缆、耐火电线电缆、无卤低烟阻燃电线电缆、无卤低烟阻燃耐火电线电缆及矿物绝缘电缆。

4.3.2 电力电缆、控制电缆、信息传输电缆的性能应符合相关产品标准的规定。建筑物内线缆的敷设方式应根据建筑物构造、环境特征、使用要求、需求分布以及所选用导体与线缆的类型、外形尺寸及结构等因素综合确定，并应符合现行国家标准的相关规定。

4.3.3 综合布线线缆宜单独敷设，与其他智能化系统各子系统线缆桥架间距应符合现行国家标准的要求，如需共槽敷设，子系统之间应采用金属板隔开，间距应符合设计要求。

4.3.4 建筑群之间的缆线宜采用地下管道或电缆沟方式敷设。

4.3.5 缆线布放在槽盒与导管内的弯曲半径以及截面与管径利用率应符合现行国家标准的要求。

4.3.6 用户光缆、射频同轴线缆的设计与敷设工艺应符合现行国家标准的要求。

4.3.7 在电缆桥架、电缆槽盒内敷设的缆线在引进、引出和转弯处，应在长度上留有余量，且不宜穿越抗震缝；当必须穿越时，应符合现行国家标准《建筑机电工程抗震设计规范》GB 50981 的相关要求。

## 4.4 管线敷设的自检与验收

**4.4.1** 根据工程设计文件要求检查线缆的规格型号、标识及线缆敷设质量等。

**4.4.2** 隐蔽工程施工完毕,应填写隐蔽工程记录单,详见附录第C.0.1条。

**4.4.3** 隐蔽工程验收合格后应填写智能建筑工程检验批检测记录表,详见附录第B.0.2条。

**4.4.4** 桥架、线管的接地电阻检测,应填写接地电阻测试记录表,详见附录第C.0.5条。

**4.4.5** 其他检测与验收项尚应符合现行国家相关标准的要求。

# 5 建筑设备管理系统

## 5.1 一般规定

**5.1.1** 建筑设备管理系统设计应符合现行国家标准《绿色建筑评价标准》GB/T 50378 和现行行业标准《建筑设备监控系统工程技术规范》JGJ/T 334 的有关规定。

**5.1.2** 当冷热源系统、空调系统、变配电系统、智能照明系统和电梯管理系统等接入建筑设备监控系统时,宜采用标准通信接口方式。

**5.1.3** 建筑能效监管系统应根据建筑物业管理的要求,基于建筑设备运行能耗信息化监管的需求,对建筑的用能环节进行相应的适度调控及供能配置的适时调整;应通过对纳入能效监管系统的分项计量及监测数据的统计分析和处理,提升建筑设备协调运行水平,优化建筑综合性能。

**5.1.4** 建筑设备管理系统的验收应由建设方组织设计单位、监理单位、施工单位等相关人员参与,验收条件应符合相关规定要求,并提交完整的工程竣工资料。

## 5.2 建筑设备监控系统

**5.2.1** 建筑设备监控系统整体设计应符合下列规定:

    **1** 建筑设备监控系统设计应根据空调、电气、给排水系统等提供的工艺设计图纸资料与合同要求,明确本系统的设计要求;在系统设计过程中,应结合建筑实际功能需求进行设计。

    **2** 建筑设备监控系统的总体设计应根据工程规模、功能要求和管理需求,设置至少 1 个控制中心,当有 2 个及以上控制中心时,应确定 1 个主控中心;建筑设备监控系统的控制中心宜与其他子系统的控制中心一起设置在监控中心内。

**3** 建筑设备监控系统的绿色节能设计应充分利用各种先进的绿色与节能技术,并符合国家相关标准的要求;系统设计采用变频技术与变频产品时,应采取电磁兼容防护措施。

**4** 建筑设备监控系统现场控制器应采用模块化结构,可支持多种类型的扩展模块。

**5** 管理工作站、服务器等应设置在监控中心,监控中心宜采用抗静电架空活动地板,高度不小于 200 mm。

**6** 现场控制设备应设专用配电盘,负荷等级不宜低于所处建筑中最高负荷等级;中央管理工作站、服务器等应配置 UPS(即不间断供电设备),其容量应包括系统的控制中心设备用电负荷总量,同时宜考虑其扩展容量。

**5.2.2** 建筑设备监控系统实施界面应符合下列规定:

**1** 系统工程界面划分应明确建筑设备监控系统与其他专业的协调内容,保证本系统正常建设与运行。

**2** 系统与其他专业之间工程界面的划分应包括设备材料供应界面、设计界面、系统或专业之间的技术接口界面和施工界面。

**3** 工程界面的划分应根据每个工程的特点、合同与招投标文件中有关工程界面确定与划分的原则,按规范要求加以执行。

**4** 建筑设备监控系统与子系统接口界面采用通信接口方式连接时,通信接口宜采用标准协议形式接入网关。

**5** 建筑设备监控系统与风阀、给排水系统水泵、阀的电气柜宜采用硬接线方式连接。

**5.2.3** 建筑设备监控系统深化设计文档组成及其要求应符合下列规定:

**1** 系统深化设计文档的组成应符合该工程合同规定及相关标准的要求。

**2** 深化设计文档,应包括但不限于图纸目录、深化设计说明、系统图、原理图、监控点表、平面图、机房详图、设备安装详图、机柜(箱)布置图、通信接口、通信网关的协议和数据流格式的定义、主要设备及材料清单。

**5.2.4** 建筑设备监控系统的设备安装应符合下列规定:

**1** 温、湿度传感器不应安装在阳光直射或受其他辐射热影响的位置,应远离有高振动或电磁场干扰的区域;同一区域并列安装的温、湿度传感器距地面高度应一致。

**2** 探测气体比重比空气轻的空气质量传感器应安装在房间或风管的上部,反之则应安装在下部。

**3** 执行机构安装时应考虑运行、操作、维护空间的便利性。

**4** 现场控制设备的安装位置应按照设计图纸安装,且所在位置应选在通风良好、操作维修方便的地方,应与管道保持一定距离,不能避开时,应避开阀门、法兰、过滤器等管道器件及蒸汽口;不应安装在有振动影响与强电磁干扰的地方。

**5** 中央管理工作站及网络通信设备应在监控中心的土建和装饰工程完工后安装。

**5.2.5** 建筑设备监控系统单体调试应符合下列规定:

**1** 建筑设备监控系统受控设备的点对点调试按系统设计要求,以手动控制方式测试现场被监控设备所有数字量输入、输出和模拟量输入、输出点位、现场控制器等,应能逐个对应监控相应的信号。

**2** 建筑设备监控系统受控设备的点对点调试依照产品设备说明书,现场控制器运行的可靠性、抗干扰性、软件主要功能及其实时性、控制响应速度等功能应符合设计要求。

**3** 温湿度、压力与空气质量传感器及电磁流量计等应进行通电与"校零"测试。同时,信号接收器测试其信号应正常,并符合设计与设备说明书的要求。

**4** 压差开关、防冻开关和温控开关等开关信号测试应正常。

**5** 电动调节阀通电后,信号发生器输出信号指令进行测试,执行机构应运转正常。

**6** 调试电动调节阀传输的信号应正常。

**7** 中央管理工作站、服务器、显示器及现场控制设备通电运行应正常,系统管理软件、数据库安装且运行正常。

5.2.6 建筑设备监控系统调试应符合下列规定:

**1** 空调系统的联动调试按照工艺设计要求,启动或关闭空调机时,新风风门、回风风门及排风风门等应能正常联锁运行。

**2** 变风量空调机功能测试应满足设计控制要求。

**3** 空调系统的联动调试按设计和产品供应商说明书要求,用 VAV 控制器软件检查传感器、执行器和风机工作运行情况,相关设备应运行正常;VAV 控制器与中央管理工作站通信测试应显示正常。

**4** 通风系统的联动调试按照工艺设计要求,所有送排风机和相关设备的联锁、启/停控制应正常。

**5** 启动自动控制方式,系统各设备应能按设计和工艺要求正常投入运行。

**6** 调整冷热负荷,系统应能按设计和工艺要求启动或停止冷热机组的台数,以满足负荷需要。

**7** 照明系统在系统控制的照明配电箱设备运行正常情况下,按顺序、时间程序或分区方式进行测试,照明系统运行应符合照明系统设计和监控的要求。

5.2.7 建筑设备监控系统检测应符合下列规定:

**1** 中央管理工作站软件功能应全部检测,并应符合设计要求。中央管理工作站上各子系统运行状态显示功能应正常,系统运行模式设定及工艺参数修改功能完好,控制命令无冲突执行,数据能正常记录、存储及处理等。

**2** 中央管理工作站或现场控制器模拟测控点数值或状态改变,或人为改变测控点状态时,记录被控设备动作情况和响应时间,且应符合设计要求。

    **3**  系统有热备份要求,应对热启动备份系统功能进行测试,应确保运行和参数正常,现场运行参数不丢失。

    **4**  系统功能检测时,系统的实时性、可靠性、稳定性、可维护性及可扩展性应符合设计与相关验收标准的要求。

    **5**  建筑设备监控系统检测完成后,应出具系统的检测合格报告。

**5.2.8**  建筑设备监控系统验收应符合下列规定:

    **1**  软件安装及使用手册、设备说明书等应齐全;控制器柜(箱)内设备布置图与接线端子图等资料应齐全,并放入柜箱内。

    **2**  应对暖通空调系统、照明系统、给排水系统、电梯及自动扶梯等监视或控制功能、系统热备功能、系统软件的数据记录及存储功能等逐个进行验收。

## 5.3  建筑能效监管系统

**5.3.1**  建筑能效监管系统设计应符合下列规定:

    **1**  建筑能效监管系统应符合现行国家标准《智能建筑设计标准》GB 50314 和上海市工程建设规范《公共建筑绿色及节能工程智能化技术标准》DG/TJ 08—2040—2021 的相关规定;提供对建筑物内各类能耗自动采集或人工输入终端数据的解析能力和存储能力,提供对既有能耗监控相关系统与设备的接入能力。

    **2**  建筑能效监管系统设计文件应包括但不限于图纸目录、设计说明、主要设备及材料表、设计图及点表、接口表等。

    **3**  建筑能效监管系统对所有下层采集的数据应预留上传的通信接口。

    **4**  应对纳入能效监管系统的分项计量及监测数据统计分析与处理,设计制定建筑能源管理手段与用能策略,优化建筑设备的协调运行,提升建筑的综合能效。

**5.3.2** 建筑能效监管系统设备安装应符合下列规定：

**1** 计量表具安装和调试应执行系统设计要求，并应符合监管系统的技术规范。

**2** 计量表具、传输系统的中间设备宜按设计要求采取不间断供电方式。

**3** 计量表具、传输系统设备外壳应通过保护机箱、机柜接地体就近接地。

**4** 无线传输网络天线的安装应满足设计要求，并根据现场场强测试数据确定安装部位；交换机、控制设备等中间设备宜安装在机柜（箱）内。

**5** 专用服务器数据备份设备、与传输系统连接的接口设备、数据输出设备、打印设备，以及用于数据传输的网络设备、网络安全设备及 UPS 等，进场时应根据设计要求查验无误，具有序列号的设备应登记其序列号。网络设备开箱后应通电检查，应能正常启动，指示灯正常显示。

**6** 机房设备安装应固定牢固、整齐，便于管理，盘面安装的设备应便于操作；机房设备应以标签标明，网络设备应标注网络地址，连接缆线应按照设计要求正确标签。

**5.3.3** 建筑能效监管系统调试应符合下列规定：

**1** 单体设备调试时，系统的能效计量表具、能效数据采集器、服务器、交换机及存储设备等设备之间的网络连接应正确无误。

**2** 能效监管系统管理服务应具有分类、分项能效数据统计的功能，并随时间过程显示增量和总量。

**3** 能效计量表具、数据采集器地址编码应正确无误，各计量表具能效盘面值与管理服务器界面中各类、各项数据统计值应一致。

**4** 在一次调试过程中，监测系统连续运行应不少于 1 h。

**5** 调试能效负载功能，宜在数据采集输入端加装模拟负载，并检查信息采集数据和计量表具盘面数据,应正常显示,两者应一致。

    **6**  系统数据发送调试应事先申报,经上级能耗监测平台和相关管理部门同意,再按照上级能耗监测平台或相关管理部门的安排进行。

**5.3.4**  建筑能效监管系统检测应符合下列规定:

    **1**  建筑能效监管系统检测前,应完成对系统调试、系统试运行期间发现的所有不合格项的整改。

    **2**  建筑能效监管系统检测范围应包括对设备安装、施工质量检查,系统功能、性能测试以及系统安全性检查。

    **3**  受现场条件限制,无法采用测量仪表进行检测的,宜利用现场设备核对方式验证。

    **4**  建筑能效监管系统检测时,系统管理服务器显示的能效监测数值、数据库内存储数值应与计量表具盘面值保持一致,并具有实时性。

    **5**  检测中出现不合格项时,允许整改后进行复测;复测时,抽样数量应加倍,复测仍不合格则判该项不合格。

    **6**  建筑能效监管系统应进行系统检测并出具检测报告;检测过程中发现的不合格项均应整改,直至合格。

**5.3.5**  建筑能效监管系统验收时,应对冷热源、动力、照明、通风空调等建筑设备能耗数据的显示、记录、统计、汇总及趋势分析等系统功能进行验收。

# 6 建筑火灾自动报警系统

## 6.1 一般规定

**6.1.1** 本章适用于工业与民用建筑的火灾自动报警和联动控制,不适用于生产和储存火药、炸药、弹药和火工业品的场所。

**6.1.2** 火灾自动报警系统设计应符合现行国家标准《火灾自动报警系统设计规范》GB 50116 的相关规定。

**6.1.3** 火灾自动报警系统的施工质量,除应符合本标准的规定外,尚应符合现行国家标准《火灾自动报警系统施工及验收标准》GB 50166 的相关规定。

**6.1.4** 火灾自动报警系统检测应符合现行国家标准《火灾自动报警系统施工及验收标准》GB 50166 的有关规定,应由国家、行业授权的检测单位进行检测。

## 6.2 火灾自动报警系统

**6.2.1** 火灾自动报警系统设计除应符合现行国家标准《火灾自动报警系统设计规范》GB 50116 的相关规定外,尚应符合下列规定:

   **1** 火灾探测器的设置位置,应是火灾发生时烟、热最易到达之处,并且能够在短时间内聚积的地方。

   **2** 火灾自动报警系统应按系统功能需要设置输入、输出等各类功能模块;联动控制设计时,应核对机电系统的图纸,做到监控模块点位按系统配置。

   **3** 设置在消防控制室以外的消防联动控制设备的动作状态

信号应在消防控制室显示,实现系统的集中控制管理。

　　4　火灾自动报警系统应设置交流电源和蓄电池备用电源,主电源不应设置剩余电流动作保护和过负荷保护装置。

6.2.2　火灾自动报警控制系统深化设计应分别编制与以下各个联动控制系统的接口界面联动关系表,明确接口形式、具体位置、连接方式及联动模式:

　　1　与火灾警报、消防应急广播系统的接口界面设计。

　　2　与消火栓系统的接口界面设计。

　　3　与自动喷水灭火系统的接口界面设计。

　　4　与防排烟系统的接口界面设计。

　　5　与防火门监控及防火卷帘系统的接口界面设计。

　　6　与消防应急照明和疏散指示系统的接口界面设计。

　　7　与电梯的接口界面设计。

　　8　与非消防电源的接口界面设计。

　　9　与气体、干粉灭火系统的接口界面设计。

　　10　与消防设备应急电源的接口界面设计。

　　11　与消防设备电源监控系统的接口界面设计。

　　12　与城市防灾自动报警信息系统的接口界面设计。

6.2.3　火灾自动报警系统深化设计文档组成应包括图纸目录、深化设计说明、系统图、平面图、机房详图、设备安装详图、机柜(箱)布置图、系统联动控制点位及接口界面联动表、主要设备及材料清单。

6.2.4　火灾自动报警系统控制器类设备安装应符合国家标准《火灾自动报警系统施工及验收标准》GB 50166—2019 第3.3节的规定。

6.2.5　火灾自动报警系统探测器类设备安装应符合下列规定:

　　1　点型感烟火灾探测器、点型感温火灾探测器、光栅光纤线型感温火灾探测器、点型火焰探测器、图像型火灾探测器、线型可燃气体探测器、电气火灾监控探测器和探测器底座的安装应符合国家标准《火灾自动报警系统施工及验收标准》GB 50166—2019 第3.3节的规定。

**2** 线型感温火灾探测器和管路采样式吸气感烟火灾探测器的采样管的敷设应符合设计要求。

**3** 线型光束感烟火灾探测器的发射器和接收器应安装牢固可靠,结构的位移不应影响探测器的正常运行;发射器和接收器(反射式探测器的探测器和反射板)之间的光路上应无遮挡物,并应保证接收器(反射式探测器的探测器)避免日光和人工光源直接照射。

**4** 缆式线型感温火灾探测器的热敏电缆安装在动力配电装置上,应呈带状安装,采用安全可靠的线绕扎结,并用非燃卡具固定;接线盒、终端盒安装于户外时,应加外罩防雨箱。

**5** 分布式线型光纤感温火灾探测器的感温光纤严禁打结,光纤弯曲时,弯曲半径应大于50 mm,采用专用固定装置固定;感温光纤穿越相邻的报警区域时应设置光缆余量段,隔断两侧应各留不小于8 m的余量段;每个光通道始端及末端光纤应各留不小于8 m的余量段。

**6** 管路采样式吸气感烟火灾探测器的采样管应固定牢固,有过梁、空间支架的建筑中,采样管路应固定在过梁、空间支架上。

**7** 探测器的安装位置应符合设计要求,在满足与风口、墙壁、梁边距离要求的情况下,宜水平安装在被保护空间的中央部位,安装后指示灯应朝向入口方向。

**6.2.6** 火灾自动报警系统其他组件安装应符合下规定:

**1** 消防控制室图形显示装置、消防应急广播扬声器、火灾警报器和消防设备应急电源的安装应符合国家标准《火灾自动报警系统施工及验收标准》GB 50166—2019 第3.3节的规定。

**2** 手动火灾报警按钮应安装在明显和便于操作的部位,安装应牢固,不倾斜;每个防火分区应至少设置一个手动报警按钮,从防火分区内的任意位置到最邻近的一个手动报警按钮的步行距离不应大于 30 m。

**3** 消防电话和电话插孔应有明显的永久性标志；带箱消防电话安装应牢固，并不得倾斜。

**4** 系统模块的安装应符合下列规定：

**1）** 同一报警区域内的模块宜集中安装在金属箱内，分散安装时应用模块盒作为保护。

**2）** 模块或金属箱应独立安装在不燃材料或墙体上，安装牢固，并应采取防潮、防腐蚀等措施。

**3）** 明装时应将模块底盒安装在预埋盒上，暗装时应将模块底盒预埋在墙内或安装在专用装饰盒上。

**4）** 隐蔽安装时在安装处附近应设置检修孔和尺寸不小于 100 mm×100 mm 的永久性标识。

**5）** 火灾显示盘、火灾报警信息传输设备安装在墙上时应符合设计要求。

**6.2.7** 火灾自动报警系统控制器类设备、探测器类设备及其他组件的调试除应符合现行国家标准《火灾自动报警系统施工及验收标准》GB 50166 的相关规定外，尚应符合下列规定：

**1** 检查系统中各种控制装置使用的备用电源容量，测试在主电丢失情况下的备用电源，其应能正常工作。

**2** 其他受控部件的调试，应按相应的产品标准进行；在无相应国家标准或行业标准时，宜按产品生产企业提供的调试方法进行。

**6.2.8** 火灾自动报警系统整体性能调试应符合下列规定：

**1** 系统整体性能的调试，应按设计的联动逻辑关系，检查各系统和设备中相关的火灾报警信号、联动信号、模块动作情况、受控设备的动作情况、受控现场设备动作情况、接收反馈信号及各种显示情况并记录。

**2** 消火栓系统的消防泵、自动喷水灭火系统的喷淋泵、防排烟系统的排烟风机等被控设备,其控制设备除应采用联动控制方式外,还应在消防控制室设置手动直接控制装置,测试结果应符合设计要求。

**3** 消防设施物联网系统用户信息装置应在 10 s 内按照规定的通信协议和数据格式将火灾报警信息通过报警传输网络传送到信息运行中心,信息运行中心向 119 报警服务台或上海市应急联动中心转发经确认后的火灾报警信息的时间不应超过 3 s,其余设置应符合设计要求并调试开通。

**4** 系统调试完成后,应在火灾报警控制器、消防联动控制器面板上制作铭牌和标识,标明控制器或按钮所控制区域或设备的名称和编号。

**6.2.9** 系统在调试完成后进行试运行,在连续运行 120 h 无故障后,使消防联动控制器处于自动控制工作状态。

**6.2.10** 火灾自动报警系统的检测应符合现行国家标准《火灾自动报警系统施工及验收标准》GB 50166 的相关规定,由建设方委托有资质的检测单位进行检测,并向本市建设工程质量监督部门申报验收,验收条件应符合相关规定要求。

**6.2.11** 火灾自动报警系统应对系统形式、火灾探测器的报警功能、火灾报警控制器、联动设备及消防控制室图形显示装置和系统功能要求等方面进行验收。

**6.2.12** 火灾自动报警系统调试、检测和验收表式按国家标准《火灾自动报警系统施工及验收标准》GB 50166—2019 附录 E 执行。

# 7 安全技术防范系统

## 7.1 一般规定

**7.1.1** 安全技术防范系统除应符合本标准规定外,尚应符合现行国家标准《安全防范工程技术标准》GB 50348、《视频安防监控系统工程设计规范》GB 50395 及现行上海市地方标准《单位(楼宇)智能安全技术防范系统要求》DB31/T 1099、《住宅小区智能安全技术防范系统要求》DB31/T 294、《重点单位重要部位安全技术防范系统要求》DB31/T 329、《入侵报警系统应用基本技术要求》DB31/T 1086 的规定。

**7.1.2** 系统的功能性、安全性、电磁兼容性、可靠性、环境适应性的设计,设备选型与安装、供电和监控中心的设计,以及传输方式、传输设备的选择与布线设计等,应符合风险等级和防护级别的相关要求,并符合相关设计规范和设计任务书。

**7.1.3** 安全技术防范系统中使用的设备和产品应符合国家现行相关法规和标准的要求,并经检测或认证合格。

**7.1.4** 安全技术防范系统工程的深化设计文档应由深化设计任务书、图纸目录、深化设计说明、系统图、平面图、机房详图、设备安装详图、机柜(箱)布置图、主要设备及材料清单等组成。

**7.1.5** 安全技术防范系统调试工作应由专业技术人员主持,依照先局部、后全局,先单体、后整体的步骤进行;系统调试应在单体调试合格的基础上进行,调试过程应建立完整的调试记录与调试报告。

**7.1.6** 安全技术防范系统验收条件应符合下列规定:

    **1** 应经过初步设计论证或根据现行行业标准《安全防范工

程程序与要求》GA/T 75 和《安全防范系统验收规则》GA 308 的相关规定进行技术方案评审,并根据论证和评审意见由设计、施工、建设单位共同签署设计整改意见,完成深化设计文件,并按深化设计文件施工。

**2** 初步验收与试运行须符合现行国家标准《安全防范工程技术标准》GB 50348 的相关规定。

**3** 经试运行达到设计要求并得到建设单位认可,出具系统试运行报告。

**4** 正式验收前应根据现行国家标准《安全防范工程技术标准》GB 50348 进行系统功能检验和性能检验,检验机构应具有国家认定的资质,出具的检验报告应准确、公正、完整和规范,并注重量化。

**5** 根据工程合同有关条款,设计、施工单位必须对有关人员进行操作技术培训,并提供系统及相关设备的操作方法和日常维护说明等技术资料。

**6** 正式验收前,应由建设单位牵头,组织设计、施工和监理单位根据设计任务书或工程合同提出的设计和使用要求对工程进行初验,并出具工程初验报告。

**7** 对照深化设计文件,对安装设备的数量、型号进行核对,对系统功能、效果进行检查和主观评价;对隐蔽工程随工验收单进行复核等;工程正式验收前,设计、施工和监理单位应向工程验收小组(委员会)提交相关竣工图纸和文件资料。

**7.1.7** 安全技术防范系统验收应符合下列规定:

**1** 各子系统应符合现行国家标准《安全防范工程技术标准》GB 50348 的相关规定,以及现行地方标准规定的相关功能要求。

**2** 验收时,应成立验收组负责实施系统验收,主要包含施工验收、技术验收与资料审查。

**3** 对照竣工报告、初验报告、工程检验报告,检查系统配置,包括设备数量、型号及安装部位,其应符合深化设计文件要求。

**4** 对照工程检验报告,复核系统的主电源形式及供电模式。当配置备用电源时,在主电源断电时应能自动快速切换,以保证系统在规定的时间内正常工作;检查应急供电时间,应符合设计要求。

## 7.2 入侵和紧急报警系统

**7.2.1** 入侵和紧急报警系统设计应符合下列规定:

**1** 入侵和紧急报警系统应由前端探测装置和紧急报警装置,传输设备,处理、控制、管理设备以及显示、记录设备四个部分构成。

**2** 入侵和紧急报警系统应选用不易受环境影响、误报率低、通过行业监测的入侵探测装置,系统应根据防护区域特点和使用要求选择并设置入侵探测装置。

**3** 系统的防区划分、入侵探测装置安装位置的选择,应有利于及时报警和准确定位,各防区的距离、区域应按产品技术要求设置。

**4** 紧急报警装置应设置在隐蔽、便于操作的部位,并应设置为 24 h 不可撤防模式,且应有防误触发措施;触发报警后应能立即发出紧急报警信号并自锁,复位应采用人工操作方式。

**5** 重要部位的入侵探测报警应与视频安防监控系统联动;重点单位的监控中心应安装与上一级接处警中心联网的紧急报警装置;系统报警时,监控中心应有声光告警信号。

**6** 入侵和紧急报警系统应实现基于联网模式的所有功能,宜具备基于互联网的安全应用功能,支持通过互联网实现用户移动智能终端的报警显示、信息查询等功能;系统布防、撤防、报警、故障等信息的存储时间应不少于相关标准要求的时间,并能输出打印。

**7** 系统应即时推送所有入侵报警、紧急报警的报警区域、报警时间、报警类型、防区类型、人员类型、单位(楼宇)类型、关联对象、处置人员及处置结果等基本信息至智能集成数据服务设备，并提供智能安防集成应用系统服务。

**7.2.2** 入侵和紧急报警系统设备安装应符合下列规定：

**1** 入侵探测装置应根据所选用产品的特性及警戒范围的要求进行安装，位置应对准，采用不同技术的周界入侵探测装置时防区要交叉；室外入侵探测装置的安装应符合产品使用和防护范围的要求。

**2** 探测装置底座和支架应固定牢靠，其导线连接应采用可靠连接方式。防区模块和电源箱等应安装在具有自身防护设施的弱电间内，探测装置、报警控制装置应具有防拆、防破坏措施，报警控制装置应安装在监控中心内。

**3** 报警控制器防区控制键盘和报警管理显示设备应安装在操作台上，并避开阳光直射。

**4** 报警控制器、报警区域控制设备及其联网设备应安装在便于日常维护、检修的部位，并置于入侵探测装置的防护范围内。

**7.2.3** 入侵和紧急报警系统调试应符合下列规定：

**1** 周界报警系统应先调试前端探测装置，保证前端探测装置功能正常，然后调试联网功能，测试响应的时间应达标。

**2** 入侵和紧急报警系统应检查探测装置的探测范围、灵敏度、误报警、漏报警、报警状态后的恢复和防拆保护等功能与指标，检查紧急按钮的报警与恢复功能，检查防区、布撤防、旁路、胁迫警、防破坏及故障识别、告警、用户权限等设置、操作、指示/通告、记录/存储、分析等功能，检查系统的报警响应时间、联动、复核、漏报警等功能，并符合现行国家标准《入侵和紧急报警系统控制指示设备》GB 12663 的规定。

**7.2.4** 入侵和紧急报警系统检测内容、要求和方法应符合现行国家标准《安全防范工程技术标准》GB 50348 的相关规定。

**7.2.5** 入侵和紧急报警系统验收应符合下列规定：

**1** 在系统满足本标准第 7.1 节的相关验收条件后，应对照深化设计文件和工程检验报告、系统试运行报告，复核系统的探测、设置、操作、指示和防拆等功能，应符合现行国家标准《入侵和紧急报警系统技术要求》GB/T 32581 及现行上海市地方标准《入侵报警系统应用基本技术要求》DB31/T 1086 的规定。

**2** 检查入侵探测装置的安装位置、角度，步行测试探测功能；抽查室外周界报警探测装置形成的警戒范围，应无盲区。

**3** 检测入侵探测装置、紧急按钮报警响应时间，检测结果应符合现行国家标准《入侵和紧急报警系统技术要求》GB/T 32581 的规定。

## 7.3 视频安防监控系统

**7.3.1** 视频安防监控系统设计应符合下列规定：

**1** 数字视频安防监控系统宜由图像的前端采集、传输、控制、显示及记录等数字设备组成，传输构成模式宜为专用传输系统或逻辑结构独立的网络传输系统。

**2** 建筑物同一层面所有出入口的摄像机安装朝向应一致，并应避免逆光、俯视和侧视，摄像机监视区域应无遮挡。各出入口、电梯厅、楼梯口、通道、连廊等安装的摄像机图像应符合相应的监视图像基本要求。摄像机工作时，环境照度应能满足摄像机获取清晰有效图像的要求，必要时应设置与摄像机指向一致的辅助照明光源。

**3** 建筑物制高点宜选择带有云台、变焦镜头的摄像机，并应采取有效的防雷击保护措施。

**4** 电梯轿厢摄像机应采用广角镜头，在避免逆光的前提下应安装在电梯轿厢门体上方一侧的顶部或操作面板上方，图像应能有效监视电梯轿厢内人员的体貌特征及活动情况，且应有楼层显示信息。

**5** 人脸抓拍智能分析系统应符合现行上海市地方标准《单位(楼宇)智能安全技术防范系统要求》DB31/T 1099 的相关要求。

**6** 视频图像应有日期、时间、监视画面位置等的字符叠加显示功能,字符叠加应不影响对图像的监视和记录回放效果。字符设置应符合现行行业标准《视频图像文字标注规范》GA/T 751 和其他相关标准的规定,字符时间与标准时间的误差应为±30 s。

**7** 视频监控与报警系统联动时,当报警控制器发出报警信号时,监控中心的图像显示设备应能联动切换出与报警区域相关的视频图像,并全屏显示,图像的清晰度应与摄像机的清晰度一致。

**8** 系统应配置数字录像设备,对所有图像进行记录,数字录像设备应符合现行国家标准《视频安防监控数字录像设备》GB 20815 中Ⅱ、Ⅲ类 A 级机的要求。

**9** 系统宜采用智能化视频分析处理技术,具有虚拟警戒、目标检测、行为分析、视频远程诊断和快速图像检索等功能;系统应与当地技防工程监督管理系统联网。

**7.3.2** 视频安防监控系统设备安装应符合下列规定:

**1** 摄像机安装位置应符合监视目标视场范围要求,宜安装在不易受外界损伤的地方,并具有一定的防损伤、防破坏能力。

**2** 摄像机镜头应避免强光直射与逆光安装,摄像机方向及照明应符合使用条件。在搬动、架设摄像机过程中,不得打开镜头盖。摄像机及其配套防护罩、支架、雨刷等的安装应保持牢固并与电气绝缘隔离,注意防破坏。

**3** 监视器宜安装在固定的机架和机柜(箱)上,工作站监视器宜安装在控制台上;监视器屏幕应不受外来光直射,不可避免时应有避光措施;监视器外部可调节部分,应暴露在便于操作的位置,宜加保护罩。

**4** 视频管理服务器、网络存储设备等机架式主控设备宜安装在固定的机架和机柜(箱)上;当安装在机柜内时,应有通风散热措施。操作键盘、视频管理客户端等台式主控设备宜安装在控制台上,主控设备的安装位置应便于操作。

**5** 核心交换机等机架式辅助设备宜安装在固定的机柜(箱)或控制台上,安装在机柜内时应有通风散热措施;挂式辅助设备宜安装在便于操作的柜或墙面上。

**7.3.3** 视频安防监控系统调试应符合下列规定:

**1** 根据现行国家标准《视频安防监控系统工程设计规范》GB 50395 等规定,检查并调试摄像机的监视范围、聚焦、环境照度与抗逆光效果等,使图像的清晰度、灰度等级符合系统设计要求。

**2** 检查并调整云台、镜头等设备的遥控功能,排除遥控延迟和机械冲击等故障,使监视范围符合设计要求。

**3** 检查并调整视频切换控制主机的操作程序、图像切换和字符叠加等功能,符合设计要求。

**4** 检查与调试监视器、录像机或存储设备、打印机、图像处理器、同步器、编码器和解码器等设备,以保证系统工作正常,符合设计要求。

**5** 检查与调试监视图像与回放图像的质量,在正常工作照明环境条件下,监视图像质量不应低于现行国家标准《民用闭路监视电视系统工程技术规范》GB 50198 规定的 4 级,回放图像质量不应低于规定的 3 级,或能辨别人的面部特征。

**7.3.4** 在满足摄像机的标准照度情况下,视频安防监控系统的检测内容、要求和方法应符合现行国家标准《安全防范工程技术标准》GB 50348 的相关规定。

**7.3.5** 视频安防监控系统的验收满足本标准第 7.1 节的相关验收条件后,应对照深化设计文件和工程检验报告,复核视频安防监控系统的监控功能,包括采集、监视、远程控制、记录与回放、系统应用及功能管理、权限管理、操作与运行日志管理、自我诊断和检查,检查结果应符合设计要求。

## 7.4 出入口控制系统

7.4.1 出入口控制系统设计应符合下列规定:

1 出入口控制系统主要由识读部分、传输部分、管理/控制部分和执行部分以及相应的系统管理软件及数据库组成。系统按其硬件构成模式划分,可分为一体型和分体型;按其管理/控制方式划分,可分为独立控制型、联网控制型和数据载体传输控制型。

2 系统识读部分的防护能力及系统管理与控制部分的防护能力应不低于现行国家标准《出入口控制系统工程设计规范》GB 50396 附录 B 系统防护等级分类中 C 级的要求;系统重要部位的出入口识读操作宜与视频安防监控系统联动,识读装置安装设计高度应便于操作、识读和识别;室外设备外壳防护能力应不低于 IP55 的要求。

3 重要物品存放场所及被列为需要管控的区域、目标、部位的出入口,应配置含人员身份数据采集与人脸、指纹等生物识别的多种类型、多个人员的组合识读、比对、认证及控制设备。

4 人脸、指纹等生物识别系统指标应符合现行上海市地方标准《单位(楼宇)智能安全技术防范系统要求》DB31/T 1099 的相关要求。

5 人脸比对采集、来访人员身份人像数据采集应具有脸部抓拍、人脸比对、自动认证等功能,其技术要求应符合现行行业标准《出入口控制人脸识别系统技术要求》GA/T 1093 的要求。

6 系统应在单位(楼宇)实现基于联网模式的所有功能,应具备基于互联网的安全应用功能,并支持通过互联网实现访客智能终端对讲、二维码识别等功能。

**7** 系统应即时推送所有进出人员的出入部位、出入时间、识读方式、数据/图片、人员类型、关联对象等基本信息至智能集成数据服务设备,并提供智能安防集成应用系统服务。

**7.4.2** 出入口控制系统设备安装应符合下列规定:

**1** 出入口识读设备与门口机的安装高度宜距离地面1.5 m,并面向访客;锁具安装应符合产品技术要求,安装应牢固,启闭应灵活;访客对讲用户机安装应牢固,高度距离地面1.3 m~1.5 m。

**2** 对可视访客呼叫机摄像机的视角方向作调整;不具有逆光补偿功能的摄像机,安装时宜作环境亮度处理。

**3** 出入口控制器、区域控制设备及其联网设备应安放在便于日常维护、检修的部位,应设置在该出入口的对应受控区、同级别受控区或高级别受控区内。在墙壁上安装壁挂式出入口控制器箱时,其底边距地面的高度不宜小于1.5 m。

**4** 出入口控制服务器、客户端等主控设备应安装在监控中心内,安装时应牢固,且不影响其他系统的操作与运行。

**7.4.3** 出入口控制系统调试应符合下列规定:

**1** 应符合现行国家标准《出入口控制系统工程设计规范》GB 50396的规定,检查并调试识读设备、控制器等系统设备,系统应能正常工作;调试出入口控制系统与报警、电子巡查等系统之间的联动或集成功能,应符合设计要求。

**2** 对采用各种生物识别技术装置的出入口控制系统(包括响应时间和误报率等)的调试,应按系统设计文件及产品说明书进行。

**3** 访客对讲系统应符合现行行业标准《楼宇对讲电控安全门通用技术条件》GA/T 72和《联网型可视对讲系统技术要求》GA/T 678的要求,测试门口机、用户机和管理机等设备,应工作正常;调试系统的对讲、可视、开锁、防窃听、告警、系统联动、无线扩展等功能,应符合设计要求;观测可视对讲系统的图像质量,应达到设计技术指标的要求。

**7.4.4** 出入口控制系统检测内容、要求和方法应符合现行国家标准《安全防范工程技术标准》GB 50348 的相关规定。

**7.4.5** 出入口控制系统验收应符合下列规定：

**1** 在系统满足本标准第 7.1 节的相关验收条件后，应对照深化设计文件和工程检验报告，复核目标识别、访问控制、出入授权和指示、通告等功能以及记录、存储通行目标的相关信息，检查结果应符合设计文件要求。

**2** 复核访客(可视)对讲系统的(可视)对讲、开锁和告警功能。

## 7.5 电子巡查系统

**7.5.1** 电子巡查系统设计应符合下列规定：

**1** 电子巡查系统设计应包括信息标识、数据采集、信息转换传输及管理终端等，采用离线式巡查和在线式巡查两种方式。

**2** 巡查点主要设置在监控系统和报警系统的盲区处，以及需要设置的重要地点；巡更路线设定原则应避免巡查路线重复，通过点与点之间的路由应覆盖大部分重要区域。

**3** 实时电子巡检系统采集识读装置响应时间应不超过 1 s，采集识读装置识读信息传输到管理终端响应时间应不超过 20 s。

**4** 实时电子巡检系统应能通过管理终端查阅各巡查人员的到位时间，应具有对巡查时间、地点、人员和顺序等数据设置、显示、归档、查询和打印等应用功能。

**7.5.2** 电子巡查系统设备安装应符合下列规定：

**1** 在线巡查与离线巡查的信息采集点(巡查点)，应按设计要求安装在各出入口或其他需要巡查的站点上，其高度宜距离地面 1.3 m～1.5 m。

**2** 巡查点安装应牢固、端正，户外巡查点应有防水措施。

**7.5.3** 电子巡查系统调试应符合下列规定：

**1** 调试系统组成的相关各设备，均应工作正常。

**2** 检查在线式巡查信息采集点读值的可靠性、实时巡查与预置巡查的一致性,并检查记录、存储信息以及巡查状态监测和意外情况及时报警的功能。

**3** 检查离线式电子巡查系统,信息采集点(巡查点)的信息应正确,测试数据的采集、统计、打印等功能。

**7.5.4** 电子巡查系统检测内容、要求和方法应符合现行国家标准《安全防范工程技术标准》GB 50348 的相关规定。

**7.5.5** 电子巡查系统验收应符合下列规定:

**1** 在系统满足本标准第 7.1 节的相关验收条件后,应对照深化设计文件和工程检验报告,复核系统具有的巡查时间、地点、人员和顺序等数据的设置、显示、归档、查询、打印等功能。

**2** 复核在线式电子巡查系统,应具有即时报警功能。

## 7.6 停车库(场)管理系统

**7.6.1** 停车库(场)管理系统设计应符合下列规定:

**1** 停车库(场)管理系统宜由出入库控制子系统、停车引导子系统、反向寻车子系统等组成。

**2** 系统功能设计应有机结合机械、现代通信技术与信息技术,实现智能化停车库(场)管理。

**7.6.2** 停车库(场)管理系统设备安装应符合下列规定:

**1** 地感线圈的定位应根据设计要求及设备布置图和现场环境定位;道闸机应安装在平整、坚固的水泥基墩上,保持水平,不能倾斜。

**2** 出入口控制设备应与地面接触紧密,间隙处用水泥抹平,用膨胀螺栓固定牢靠。

**3** 岗亭根据现场环境应尽量向出入口控制机处靠近,便于临时车辆收费及图像抓拍;室外的岗亭应用膨胀螺栓固定。

**4** 车位状况信号指示器应安装在车道侧面的明显位置,其底部宜距离地面高度为 2.0 m～2.4 m;信号指示器宜安装在室内,安装在室外时,应有防水措施。

　　5　车位引导显示屏应安装在车道中央上方,便于识别引导信号,其距离地面高度宜为 2.0 m～2.4 m,显示屏的规格长度不宜小于 1.0 m,宽度不宜小于 0.3 m。

　　6　有车牌识别功能的车位探测器应固定在车位前方桥架下,避开障碍物及干扰源;安装高度宜为 2.2 m～2.8 m。

7.6.3　停车库(场)管理系统调试应符合下列规定:

　　1　检查并调整读卡机读取信息或车牌识别的有效性及其响应速度。

　　2　调整电感线圈的响应速度;调整挡车器的开放和关闭的动作时间;调整系统的车辆进出、分类收费、收费指示牌、导向指示、挡车器工作、车牌号复核或车型识别功能。

　　3　检查车辆自动引导功能和反向寻车功能。

7.6.4　停车库(场)管理系统检测内容、要求和方法应符合现行国家标准《安全防范工程技术标准》GB 50348 的相关规定。

7.6.5　停车库(场)管理系统验收应符合下列规定:

　　1　在系统满足本标准第 7.1 节的相关验收条件后,应对照深化设计文件和工程检验报告,复核系统的主要技术指标。

　　2　检查停车库(场)管理系统设备,应工作正常;车辆引导和反向寻车功能应正常。


## 7.7　安全防范管理(平台)系统

7.7.1　安全防范管理(平台)系统设计应符合下列规定:

　　1　安全防范管理(平台)系统应由本地智能应用和联网智能应用两个部分组成。

　　2　安全防范管理(平台)系统应对各子系统及相关信息载体进行集成,实现实体防护、电子防护和人力防范资源的有机联动,达到信息的集中处理与共享应用、风险事件的综合研判、事件处置的指挥调度、系统和设备的统一管理与运行维护等目的。

    **3**  安全防范管理（平台）系统应包含数据采集服务、统一配置服务、数据交换服务、消息队列服务、转发引擎服务、二次识别补充等服务内容。

    **4**  安全防范管理（平台）系统的主要功能应包括实时监控、权限管理、联动控制、信息日志管理、统计分析、预案管理、数据推送、集中数据交互和应用。

    **5**  安全防范管理（平台）系统与各子系统的通信接口及通信协议应符合下列要求：

        **1）**入侵和紧急报警系统应提供标准通信接口及WebService、SDK、API 及 OPC 通信协议；

        **2）**数字视频安防监控系统应提供标准通信接口及 SDK 和API 通信协议，且应符合现行国家标准《公共安全视频监控联网系统信息传输、交换、控制技术要求》GB/T 28181 的规定；

        **3）**出入口控制系统应提供标准通信接口及 OPC、Web Service、SDK 及 API 通信协议；

        **4）**电子巡查系统应提供 RJ45 通信接口及 OPC、Web Service、SDK 及 API 通信协议；

        **5）**停车库（场）管理系统应提供 RJ45 通信接口及 OPC、Web Service、SDK 及 API 通信协议；

        **6）**系统应预留接口，与上一级管理系统进行集成。

**7.7.2**  安全防范管理（平台）系统的安装应包括硬件管理服务器、交换设备、系统应用软件、数据库安装和系统配置。

**7.7.3**  安全防范管理（平台）系统调试应符合下列规定：

    **1**  按系统的设计要求和相关设备的技术说明书、操作手册对各子系统进行脱网独立运行的检查和调试，应工作正常。

    **2**  按照设计文件的要求，检查并调试安全防范管理（平台)系统对各子系统的监控功能、显示和记录功能,以及各子系统的联动运行等功能。

3 系统调试完成后,应填写调试报告。

**7.7.4** 安全防范管理(平台)系统检测内容、要求和方法应符合现行国家标准《安全防范工程技术标准》GB 50348 的相关规定。

**7.7.5** 安全防范管理(平台)系统验收应符合下列规定:

1 系统满足本标准第 7.1 节的相关验收条件后,应对照深化设计文件和工程检验报告,复核安全防范管理(平台)系统具有的系统集成、权限管理、日志管理、系统校时等功能。

2 复核安全防范管理(平台)系统的数据库、信息分发、安全认证等重要服务器冗余设计功能。

# 8 信息设施系统

## 8.1 一般规定

**8.1.1** 综合布线系统设计和施工应符合现行国家标准《综合布线系统工程设计规范》GB 50311 和《综合布线系统工程验收规范》GB/T 50312 的有关规定。

**8.1.2** 通信用户接入系统设计和施工时,通信接入设备机房安装应符合现行国家标准《通信局(站)防雷与接地工程设计规范》GB 50689 的有关规定和要求;通信接入设备安装抗震要求应符合现行行业标准《电信设备安装抗震设计规范》YD 5059 的有关规定。

**8.1.3** 无线对讲系统应满足国家有关环保的要求,电磁辐射值应符合现行国家标准《电磁环境控制限值》GB 8702 的有关规定。

**8.1.4** 有线电视及卫星电视接收系统应符合现行国家标准《有线电视网络工程设计标准》GB/T 50200 和现行上海市工程建设规范《广电接入网工程技术标准》DG/TJ 08—2009 的有关规定。天线的选择应符合现行国家标准《C 频段卫星电视接收站通用规范》GB/T 11442 和《Ku 频段卫星电视接收站通用规范》GB/T 16954 的有关规定。

**8.1.5** 公共广播系统应符合现行国家标准《公共广播系统工程技术标准》GB 50526 的有关规定。

**8.1.6** 信息引导及发布系统应符合现行国家标准《视频显示系统工程技术规范》GB 50464 的有关规定。

**8.1.7** 会议系统应符合现行国家标准《视频显示系统工程技术规范》GB 50464、《会议电视会场系统工程设计规范》GB 50635、

《电子会议系统工程设计规范》GB 50799、《基于 IP 网络的视讯会议系统总技术要求》GB/T 21639 和现行行业标准《厅堂扩声系统声学特性指标》GYJ 25 的有关规定。

**8.1.8** 客房控制系统应符合现行国家标准《旅游饭店星级的划分与评定》GB/T 14308 的有关规定。

## 8.2 综合布线系统

**8.2.1** 综合布线系统设计应符合下列规定:

**1** 系统设计应具有开放式网络拓扑结构,应能支持电话、数据、图像、多媒体业务及智能化系统等信息传递。

**2** 系统宜采用分层星形的网络拓扑结构组网,宜包含工作区子系统、配线子系统、干线子系统、建筑群子系统、设备间子系统、进线间子系统和管理子系统共七个子系统。

**3** 工作区子系统设计应符合下列规定:

1)工作区布线设计应包括工作区线缆适配器及相关接插器件,用户终端连接到水平线缆的信息插座上;采用屏蔽布线系统时,应保证屏蔽连续性的要求。

2)工作区设备跳线应与所要连接的水平线缆同一等级或更高。光纤设备跳线应为双芯跳线,与水平布线的光纤类型相同。

3)各种不同的终端设备或适配器均应安装在信息插座模块之外工作区的适当位置,并应考虑现场的电源与接地。

**4** 配线子系统设计应符合下列规定:

1)配线子系统中的水平线缆应采用 4 对屏蔽/非屏蔽平衡双绞线,或多模/单模光缆以及平衡双绞线缆和光缆的混合线缆。宜选用具有阻燃、低烟、无卤等特性的电缆。

2)信息插座至楼层配线设备的配线电缆长度不应超过

90 m。

    3）采用水平光纤布线时,宜采用集中式光纤布线方式,光纤信道的等级及长度应符合现行国家标准《综合布线系统工程设计规范》GB 50311 的有关要求。

5   干线子系统设计应符合下列规定：

    1）垂直主干线缆宜采用光缆或超五类以上平衡双绞线缆,电缆长度不应超过 90 m,语音主干宜采用三类对绞电缆。对于安全等级要求较高的建筑宜设置 2 个以上主干路由。

    2）垂直安装的经过 1 层以上的线缆,宜采用 CMR 或 OFNR 的阻燃线缆。

    3）语音业务的主干电缆对数应按每个语音信息点配置 1 对线,并在总需求线对的基础上预留 10％以上的备用线对。

6   建筑群主干布线子系统设计应符合下列规定：

    1）建筑群和建筑物的干线电缆、主干光缆布线的交接不应多于 2 次。从楼层配线架到建筑群配线架之间应只通过一个建筑物配线架。

    2）建筑群配线架宜安装在进线间或设备间,并可与入口设施或建筑物配线架合并场地设置。

    3）主干线缆信道长度应符合下列要求：OS1～OS2 级单模光缆不大于 10 000 m；OM1～OM4 级多模光缆不大于 2 000 m；语音应用平衡双绞线不大于 2 000 m。

7   设备间、进线间和管理子系统设计应符合下列规定：

    1）对设备间和进线间的配线设备、缆线和信息点等设施应按一定的模式进行标识和记录；

    2）设备间和进线间的配线设备宜采用统一的色标区别各类业务与用途的配线区；

    3）综合布线系统相关设施的管理信息应包括设备和缆线

的用途,设备位置和缆线走向,传输信息速率以及终端设备配置状况等。

    **8** 主机房的预端接光缆系统中多于 12 芯的光缆主干或水平布线系统宜采用多芯 MPO/MTP 预连接系统;存储网络的布线系统宜采用多芯 MPO/MTP 预连接系统。

    **9** 自动化基础设施管理(AIM)系统应符合下列规定:

        1)办公、机房、工厂等应用场景信息点超过 5 000 点及以上,以及用户有提高布线系统维护水平和网络安全需求时,宜采用 AIM 智能配线系统。

        2)AIM 系统应包括硬件和软件部分,能自动检测跳线的插入和移除。软件系统应能收集并存储生成的连接信息、用户或其他系统可访问的连接信息,以及将连接信息和布线连接信息相关联,将布线连接信息与其他来源的信息联系起来。

        3)AIM 系统和功能需求应包括自动检测跳线插入和移除、自动文档化布线架构信息、搜索设备通过 SNMP 协议、提供设备位置信息以及和其他系统通过应用程序接口交换数据。

**8.2.2** 综合布线系统设备安装应符合下列规定:

    **1** 连接器件、配线设备的安装应符合下列规定:

        1)配线模块、信息插座模块及其他连接器件的部件应完整,电气和机械性能等指标符合质量标准;塑料材质应具有阻燃性能,并应符合设计文件的规定。

        2)线缆从建筑物外进入建筑物时应采用适配的信号线路浪涌保护器,其安装应符合本标准第 11.2.7 条的相关规定。

    **2** 铜缆和光缆的终接应符合下列规定:

        1)屏蔽对绞电缆的屏蔽层与连接器件终接处的屏蔽罩应通过紧固器件可靠接触,缆线屏蔽层应与连接器件屏蔽罩360°圆周接触,接触长度不宜小于 10 mm,屏蔽层不应用于受力的场合。

2）采用信息底盒安装光纤信息点时,信息底盒的深度应符合光纤弯曲半径的要求。

3 系统配线架的安装应符合下列规定：

1）配线架间宜安装理线架,配线架和理线架间隔安装,信息点编号和对应的配线架端口编号应一致。

2）机柜(箱)内的各类跳线应采用线缆管理器管理,并绑扎整齐,宜采用可脱卸式绑扎,各类跳线应有标签标识其编号。

4 预端接光缆的安装应符合下列规定：

1）预端接光缆敷设前应根据现场机柜(箱)位置及线缆布放的路由逐条核算线缆长度。

2）MPO/MTP 连接接续时,应正确使用 MPO/MTP 带针与不带针的匹配关系。

3）MPO/MTP 系统中各组件应注意极性匹配,应能支持40 G～100 G 及以上标准的升级。

4）施工中应注意保护 MPO/MTP 光纤连接器和 MPO/MTP插孔的洁净度,连接器在插入适配器之前应保持防尘帽紧固以避免污染。

8.2.3 综合布线系统调试应符合下列规定：

1 系统整体调试应符合下列规定：

1）应对所有布线链路进行 100% 自检,自检包括系统环境检查、器材检查、安装质量检查、观感质量检查和系统性能检查。施工单位须根据自检情况填写系统自检表。自检不合格的应进行整改。

2）综合布线系统性能检测应根据所测系统要求选择专用适配的测试仪器,精度应高于所测系统的要求。

2 系统双绞线缆的自检应包含永久链路模型测试和信道测

试模型测试两部分,应符合现行国家标准《综合布线系统工程验收规范》GB 50312 中附录 B 系统指标的要求,并应符合下列规定:

1）测试屏蔽系统时还应测试屏蔽层的连通性。

2）永久链路的最大物理长度不应超过 90 m,信道中包括设备线和跳接线的最大物理长度不应超过 100 m。

3）插入损耗,即永久链路或信道中的信号损失,它包括连接硬件、固定线缆、跳接线、卡接跳线和设备线每个元件的插入损耗累积。

4）近端串扰及综合近端串扰。

5）衰减串扰比及综合衰减串扰比。

6）远端串扰、等效远端串扰及综合等效远端串扰。

7）回波损耗、传输延迟及延迟偏差。

8）测试结果应在测试仪精度范围内,不合格的应整改至测试结果通过。

3 光纤系统的自检测试前应对所有的光连接器进行清洗,并将测试接收器校准至零位,应符合下列规定:

1）在施工前进行器材检验时,检查光纤的连通性,必要时宜采用光纤损耗测试仪对光纤链路的插入损耗和光纤长度进行测试。

2）对光纤链路的衰减进行测试,同时测试光跳线的衰减值作为设备连接光缆的衰减参考值,整个光纤信道的衰减值应符合设计要求。

3）在两端对光纤逐根进行双向测试,其中,光缆可为水平光缆、建筑物主干光缆和建筑群主干光缆,同时光纤链路中不包括光跳线。

8.2.4 综合布线系统检测应符合下列规定:

1 系统链路的检测应符合下列规定:

1）检测布线链路时,应以不低于 10% 的比例进行随机抽样检测,抽样点应包括最远布线点。

　　2）水平链路按现行国家标准《综合布线系统工程验收规范》GB 50312 中附录 B 系统指标要求进行检测,有一个项目不合格,则该信息点判为不合格。

　　3）全部检测或抽样检测的结论为合格,则系统检测合格;否则为不合格。

　**2**　智能配线架设备的检测应符合下列规定:

　　1）智能配线系统应检测电子配线架链路的物理连接,以及与管理软件中显示的链路连接关系的一致性。

　　2）连接关系全部一致则为合格,有 1 条及以上链路不一致时,需整改后重新抽测。

**8.2.5**　综合布线系统验收应符合下列规定:

　**1**　系统整体验收检验应符合现行国家标准《综合布线系统工程验收规范》GB/T 50312 的相关要求。

　**2**　综合布线系统工程如采用专用综合布线管理软件进行管理和维护工作,应按专项进行验收。

## 8.3　信息网络系统

**8.3.1**　信息网络系统设计应符合下列规定:

　**1**　系统涵盖智能建筑内部的计算机局域网,包含 Wi-Fi 无线网络和 POL 无源光局域网,不包含智能建筑与外部连接的广域网部分以及各类机构的专用计算机网络。系统结构应根据建设方的计算机网络规模、建筑物理位置分布、业务数据流量分布情况来选择采用核心、汇聚、接入的三层结构或采用核心、接入的二层结构。

　**2**　系统可靠性和稳定性的设计应符合下列规定:

　　1）核心层的核心交换机组或关键部件应有冗余或容错能力。

2）网络边缘与核心之间的连接应有适当的冗余线路，局部主干线出现故障时，网络应能正常运行。

3 系统安全性的设计应从网络层安全、系统层安全、应用层安全三个方面进行设计，应保证信息的保密性、完整性和真实性，并应符合下列规定：

1）网络层安全的设计应规划外部信息网络与智能建筑内部网络的安全隔离，做到信息访问的可控性；还应建立智能建筑内部网络的入侵防御检测或入侵保护系统，对系统的入侵攻击做到检测和保护。

2）应用层安全的设计应具备访问者身份认证，只有确认身份的用户才能被授权访问控制系统和相应的资源。

3）系统设计应保证整个系统采用标准的开放式通信协议，保证网络中所有设备的互联互通，同时具有开放的接口，支持系统统一地维护和管理。应保证系统的可扩展性，满足系统所选用技术和设备的协同运行能力。

4）应在信息资源充分共享的基础上采取系统安全机制、数据存取的权限控制等措施保证系统的安全性。系统还应提供多种管理方式，既可本地管理，也可远程管理。

4 汇聚设备应具有网络层的处理能力，支持各种网络协议，支持各种网络传输介质，支持第三层交换；具有较高的带宽、高可靠性和快速的包交换能力，以及设备的冗余能力和链路的备份。在具体选型上，其设备性能可低于核心交换机。

5 接入设备应支持大量用户的接入和足够的上联带宽以适应用户访问高带宽的需要，在具体选型上应考虑设备的可扩充性。

6 Wi-Fi无线网络设备应具备便捷性、安全性，且具有终端无线接入、身份认证以及移动漫游等功能，可实现无线用户的身份鉴别、审计以及可追溯等。

7 POL系统设计应符合下列规定：

1）POL系统的网络总体架构应根据建筑物类型和其所在

园区的规划布局确定,并应同时满足系统扩容要求。

2）应根据各类建筑物和其所在园区的用途以及用户的业务要求,确定 POL 系统支持的业务种类和网络带宽。

3）应根据终端用户数量确定 POL 系统的关键设备和端口数量,以及光分路器的分光比和部署位置。

4）POL 系统应由 OLT、ODN、ONU 和交换设备、出口设备、网络管理单元组成。POL 系统应与入口设施、终端共同组成建筑物和建筑群的网络系统。

**8** 网络安全设备应具备合理的、保证网络应用的吞吐量、时延、并发连接数、每秒连接数及接口速率等特性,避免出现安全设备成为网络瓶颈的现象。

**9** 网络管理软件应能支持安全认证和用户分级分权管理机制,支持多种网络管理协议和多种操作系统。

**10** 应针对网络的承载应用对各智能化系统子网的网段地址和掩码进行规划设计。

**8.3.2** 信息网络系统设备安装应符合下列规定:

**1** 核心设备、汇聚设备、接入设备和网络安全设备的安装应符合下列规定:

1）内部插件等紧固螺钉不应有松动现象。

2）核心网络设备应根据设计布局要求安装在标准机柜中。

3）设备机柜安装应竖直平稳,垂直偏差和设备间距允许偏差应符合本标准第 3.2.3 条的相关规定。

4）核心网络设备应水平放置,设备安装架上的所有螺孔都应安装螺钉,螺钉安装应紧固。

5）有较多插槽或重量较大的核心网络应安装在机柜的下部区域;对于重量较大的设备,应将其安放在机柜的横搁板上,再以螺钉紧固安装。

6）在同一机柜中的核心网络之间应预留理线架的安装位置。

7）核心网络设备安装应接地，机柜或设备接地应符合相关标准的接地要求。

8）非标准宽度的核心网络设备安装，应将其固定放在机柜的横搁板上。

9）网络安全设备（包含防火墙、访问控制设备等）的安装位置应便于与网络设备的线缆连接和统一管理。

10）设备的电源线在连接电源和设备后，应靠机柜内侧立柱捆扎固定，不应自然悬垂。

11）设备电源插座应固定在机柜上，固定位置应不影响设备的安装与维护，并保证最远端设备电源的使用。

2  Wi-Fi无线网络设备的安装应符合下列规定：

1）无线控制器宜安装在机房内，并做好每个接口线路标识。

2）室内接入点可根据现场情况采用吸顶安装、壁挂安装、桌面安装及标准86面板安装等安装方式。

3）安装前应对该位置进行检查，该点位不适合安装时，可适当移位，与原来图纸上的位置偏差不应超过0.5 m。

4）应记录AP设备的MAC地址与位置对应关系，便于后续查找和网络系统配置使用。

5）AP安装位置远离可能产生射频噪声的电子设备或装置。

6）尽量减少AP安装位置与用户终端间的障碍物数量。

7）室外定向AP安装高度宜为5 m～10 m，室外全向AP安装高度宜为3 m～8 m。

3  设备之间线缆的互连及端接应符合下列规定：

1）核心设备、汇聚及接入设备与光纤配架之间的连接光纤，应靠同侧梳理整齐，宜采用可脱卸的绑扎带捆扎固定在机柜前立柱的理线槽内。

2）弱电配线间机柜（箱）内的铜缆数据配架与网络交换机

之间的铜缆跳线,应两侧均分安放在理线架内,宜采用可脱卸的绑扎带捆扎固定在机柜(箱)前立柱的理线槽内。

3) 核心机房内不同机柜之间的设备连接线缆。

4) 弱电配线间内若无防静电地板,紧邻无侧板的机柜之间的设备连接线缆,应经由理线架、理线槽在机柜内互连;不相邻的机柜之间的设备连接线缆,应经由理线架、理线槽在机柜顶部或机柜下的水平线槽内互连。

5) 所有设备与配线架、设备与设备之间的线缆都应在两端粘贴打印所连接设备、终端或接口位置的标签。

4 网络管理软件的安装应符合下列规定:

1) 软件的版本和对应的操作系统平台应与设计相符。

2) 应配置网络管理软件所需的专用服务器,安装好网络管理软件所需的操作系统。

3) 应按网络管理软件的安装手册和随机文档要求安装网络管理软件,并根据设计要求初步设置软件运行的基本参数。

4) 应确认网络管理软件能够监测所需管理的设备,宜包括交换机、路由器、防火墙、访问控制设备、服务器及 PC 机等。

8.3.3 信息网络系统调试应符合下列规定:

1 调试前,网络设备应进行加电自检,设备启动和状态指示灯显示应正常。需要联调的设备之间的线缆应正确连接。

2 系统单体设备的连接调试应符合下列规定:

1) 应设置好设备连接端口,检查端口的类型、速率,设置好网络协议,设置好设备的管理地址,管理地址应能被ping 通,设备之间应互通互联。

2) 安全设备设置好进出设备流量的控制策略,应能对攻击行为进行定义,能阻挡非授权的访问,封锁非法攻击的目标。

**3** POL 系统设备的对接调试应符合下列规定：

　　**1）**应检测 OLT 设备与网管系统的对接功能，满足管理员通过网管系统对 OLT 设备进行维护和管理的要求。

　　**2）**应检测 OLT 设备与上层设备的通信状态。

　　**3）**应检测 OLT 设备到 MDU 的管理通道状态，满足维护人员通过 OLT 设备到 MDU 的登录要求。

　　**4）**应检测 OLT 上 ONU 的上线状态，并对未上线的 ONU 进行定位及处理。

　　**5）**配置网关服务器时应检测网管中的 PON 功能，PON 功能应满足监控 PON 设备指标的要求。

　　**6）**应检测系统覆盖业务的畅通程度，主要包括 IP 数据、VOIP 网络电话、AP、视频监控等业务。

**4** 网络安全设备的调试应根据信息网络系统的具体业务需要，部署相应的安全访问控制策略。

**5** Wi-Fi 无线网络设备的连接调试应符合下列规定：

　　**1）**应设置好设备连接端口，检查端口的类型、速率，固定一个管理地址时设备应能正常访问。

　　**2）**通过控制器检查，所有 AP 和交换机应正常在线，网络正常。

　　**3）**检查认证方式应正常，用户可通过认证正常接入网络。

　　**4）**检查访问策略应正常，员工和访客应有不同的访问权限。

　　**5）**检查漫游情况应正常，可实现无缝漫游。

**6** Wi-Fi 无线网络功能调试应符合下列规定：

　　**1）**不同类型的用户应分配不同的访问控制器策略，应拒绝访客访问内网。

　　**2）**若需要实现对单终端或指定应用的限速，应保障带宽正常使用。

**3）**宜能实现 Portal 页面推送、客流分析、用户关键字分析、生成访客画像和访客个人画像等功能。

**4）**应实现检测或反制，防止钓鱼 AP。

**7** 网络管理软件的调试应符合下列规定：

**1）**网络单元应能通过软件自动发现网络设备单元及网络拓扑架构，点击网络设备单元图标应能对网络设备单元进行简单的图形化设置，并完成对设备配置信息的建立、读出、修改和删除。

**2）**应能通过网管软件对网络设备端口数据进行采集，对各项性能指标数据进行图形、表格等直观化输出，供分析管理。

**3）**应能对设备单元及网络通道的异常运行情况进行实时监视，完成对告警信号的监视、报告、存储以及故障的诊断、定位和处理等；应能通过定义事件及重要等级对故障相关信息进行统一的管理、分级告警。

**8.3.4** 信息网络系统检测应符合下列规定：

**1** 系统网络设备的配置文件应达到设计要求，检查相关接口、协议信息应显示正确，各单体设备检测应符合下列规定：

**1）**通过终端登录到交换机，检查核心交换机、汇聚交换机所插模块状态，模块应为联线状态。

**2）**接入交换机的检测应通过终端登录到交换机，检查接入交换机上已连接设备的端口。

**3）**Wi-Fi 无线网络设备通过登录无线控制器，检查无线接入点和交换机的状态，该控制器管辖的设备应在线。

**4）**安全设备通过终端登录到设备上，检查设备的接口应联线，检查安全策略应被正常加载启用，符合安全策略禁止的数据包应被过滤掉。

**2** 系统基本性能的检测应符合下列规定：

**1）**测试路径应覆盖所有的子网和 VLAN。

**2）**所有测试点及关联的子网的连通性都达到 100% 时，判定局域网系统的连通性符合使用要求。

    3）连通性检测正常,在链路传输时延测试中查看发送数据
到接收数据所用时间,应符合设计要求。

  **3**  ODN 测试应对端到端的全程光信道损耗进行测试,并应
符合下列规定:

    1）应根据不同系统采用相应的上行和下行波长测试 ODN
的衰减,测试结果应符合设计要求;

    2）同时在网管或 OLT 设备上读取对应的 OLT 设备 PON 口
和 ONU 设备 PON 口的接收/发送实时光功率值,该实
际测量值应和设计计算值基本保持一致。

**8.3.5**  信息网络系统验收应符合下列规定:

  **1**  系统验收应包括下列项目:

    1）网络系统应先进行网络单体设备的验收、网络基本性能
的验收和网络基本应用服务性能的验收;

    2）在上述项目验收通过以后,可进行额外的路由、网络安
全及网络管理功能检测验收;

    3）路由性能验收可采用相关测试命令进行测试,或根据要
求使用网络测试仪器测试网络路由设置的正确性;

    4）网络安全功能验收可根据设备的访问控制列表来做基
本的网络安全功能检查,如果网络环境中有专业的安全
设备,应按照工程设计文件来进行安全功能的检查。

  **2**  信息网络系统的竣工技术资料应包括下列项目:

    1）网络设备的布置图应明确网络设备在机柜(箱)中的位
置、数量及型号;

    2）网络设备维护表应明确设备的管理 IP、设备名、设备序
列号、安装地点、设备之间连接的端口、设备与用户客户
端之间的连接端口;

    3）网络设备配置文档应明确网络规划的信息,包括
VLAN 的信息、IP 地址段的信息、网关信息、路由表项

及访问控制列表等;

4)系统调试记录、系统检测报告和系统试运行记录,其中系统调试记录应包含故障产生及排除记录。

## 8.4 通信用户接入系统

**8.4.1** 通信用户接入系统设计应符合下列规定:

**1** 通信用户接入系统包含基于光接入网的交换设备系统、传输设备系统及数据设备系统等,其设计应遵守当地通信运营单位的专项规定。

**2** 系统功能需求设计应根据用户需求选择不同的接入方式:

1)用户电话通信功能,宜选择交换设备系统接入方式;

2)用户宽带服务功能,宜选择传输设备系统接入方式;

3)用户数据服务功能,宜选择数据设备系统接入方式。

**8.4.2** 通信用户接入系统检测应符合下列规定:

**1** 检测内容应包含接口测试、业务验证、性能测试、功能测试、操作维护管理要求的测试、环境测试、电源测试和接地测试。

**2** 检测完成后,主要指标和性能达不到设计指标要求时,应及时处理,整改后重新进行调测,直至各项指标达到设计要求。

**8.4.3** 通信用户接入系统验收应遵守设计、安装和测试相关要求,并出具终验结论。

## 8.5 移动通信室内信号覆盖系统

**8.5.1** 移动通信室内信号覆盖系统设计应符合下列规定:

**1** 移动通信室内信号覆盖系统应满足室内无线覆盖点的要求,达到楼宇内特定区域的无线信号覆盖。

**2** 无线覆盖系统的硬件设计主要包括信号源、合路器、干线放大器、光主机、光远端、功分器/耦合器、电桥、天线及馈线。

**3** 系统设计要素应综合考虑室内外及建筑物公共地下空间的无线覆盖、建筑物地理位置及内部结构、周边情况、用户情况及业务发展趋势等。

**4** 系统应解决无线通信呼叫盲区以及由于区域信号强度偏弱或业务量过于繁忙等原因造成无线通信不能有效进行的问题，满足目标覆盖区内移动终端在90％的位置、99％的时间可接入网络的要求，提高全网网络质量。

**5** 功能设计应具有良好的兼容性、可升级性，信号频段应能兼容运营商提供的所有主要业务应用。

**6** 系统配置设计应符合下列规定：

**1）** 信号源应为分布系统提供无线信号，可为无线通信系统的基站、皮基站、直放站或其他设备，信号源应为分布系统提供无线信号；

**2）** 对于本身或附近设有室外基站的建筑，可采用共用信源形式建设无线通信室内覆盖系统，信号源的设置要求室内基站应设置在基站与多数天线距离较近的位置，有利于基站输出功率的有效利用；

**3）** 分布系统将信号源通过耦合器、功分器等器件进行分路，经由馈线将信号平均地分配到每一分散安装在建筑物各区域的低功率天线上，分布方式的选择应综合考虑覆盖区域的面积、覆盖效果、设备成本等诸多因素；

**4）** 室内天线的选择应根据勘测结果和室内建筑的结构，选择天线的类型、设置天线位置，天线宜设置在室内公共区域；

**5）** 垂直电梯内的信号覆盖应在各层电梯厅设置室内吸顶天线，信号屏蔽的电梯或电梯厅无安装条件时，应在电梯井道内设置方向性较强的定向天线；

**6）** 信号源中继线路的接口在传输带宽设置时宜按平均传

输速率 60 Mbps/载频考虑。

**8.5.2** 移动通信室内信号覆盖系统设备安装符合下列规定：

    **1** 信号源设备安装应符合下列规定：

        **1**）设备安装位置应便于线缆布放及维护操作，墙面安装面积应不小于 600 mm×600 mm，设备下沿距地宜为 1.4 m～1.6 m，并不应低于 300 mm。设备安装可采用水平安装方式或竖直安装方式。设备上下左右应预留不少于 50 mm 的散热空间，前面应预留 600 mm 的维护空间。

        **2**）信号源设备机架安装时，上下应该保留 1U 的空间用于设备散热。

        **3**）各机房内设备布置应预留扩容设备的位置。

        **4**）以太网线缆应采用平衡双绞线，可在建筑物的竖井和天花吊顶中布放；走线在桥架以外应采用电线管防护，并用卡码固定，卡码间距不得小于 500 mm，在线缆引入口采用软管防护，并进行防水处理。

    **2** 系统的设备安装应符合下列规定：

        **1**）有源器件、无源器件、天线的安装应符合工程设计要求，每个设备都应有清晰明确的标识。

        **2**）有源器件的电源插座应接地良好，与建筑物的主地线连接，接地线截面积及接地电阻符合设计要求。

        **3**）无源器件应安装在弱电竖井内易维护的位置，采用托盘安装的方式固定在墙上，不得悬空，宜将器件安装在器件箱中。

        **4**）全向吸顶天线或挂壁天线应用天线固定件牢固安装在天花板或墙上，其附近无直接遮挡物，并远离消防喷淋头。

        **5**）室内定向板状天线宜采用挂壁安装方式或采用定向天线支架安装方式，天线周围应无直接遮挡物，天线主瓣方向宜正对目标覆盖区。

6）室内天线吊挂高度应略低于梁、通风管道及消防管道等障碍物，保证天线的辐射特性。

7）天线防雷保护接地系统应良好，接地电阻应符合工程设计要求，天线应处于避雷针下 45°角的保护范围内。

8）内置天线的设备安装应严格按照设计文件规定的位置，安装在房间、走廊的吊顶下或墙面上；安装在吊顶内的设备应固定良好，天线附近的天花板应留有检查孔。

**8.5.3** 移动通信室内信号覆盖系统调试应符合下列规定：

**1** 系统设备调试应包括下列项目：

1）干线放大器包括皮飞站上电测试；

2）功分器测试；

3）耦合器测试；

4）天线接收测试。

**2** 系统通用和特殊功能调试应根据用户对功能的要求进行数据设置，进行逐项测试。

**8.5.4** 移动通信室内信号覆盖系统检测应符合下列规定：

**1** 信号源基站设备、皮站和直放站设备的性能指标检测，应对每项指标进行检测并提供详细的测试结果记录，应符合设计和制式基站及直放站的相关规范。

**2** 室内分布系统检测包括干线放大器测试、驻波比测试、天线口输出功率测试和上行噪声电平测试。

**3** 应对每项指标进行测试并提供详细的测试结果记录，应符合设计方案的指标要求，各制式室内覆盖系统的测试指标应符合相关标准规范规定。

**4** 系统检查测试应符合下列规定：

1）室内分布系统的无线可通率应满足设计要求；

2）要求每项指标应符合设计方案的指标要求；

3）要求对每项指标进行测试并提供详细的测试结果记录。

**8.5.5** 移动通信室内信号覆盖系统验收标准应符合下列规定：

**1** GSM 网无线覆盖系统的验收应符合下列规定：

1）覆盖区内无线接通率应占无线覆盖区的 95%,99% 的时间移动台可接入网络。

2）无线覆盖边缘场强室内应大于等于 −85 dBm,地下停车场、电梯大于等于 −90 dBm。

3）用户的忙时话务量应为 0.025 Erl。

4）无线信道的话音信道呼损率应小于 2%。

5）在基站接收端位置收到的上行噪声电平应小于 −120 dBm。

6）同频干扰保护比：不开跳频时 C/I 应大于等于 12 dB,开跳频时 C/I 大于等于 9 dB。

7）以微蜂窝、宏蜂窝为信号源的室内覆盖系统,覆盖区域内话音质量等级为 3 以下的地方应占 95% 以上；以直放站为信号源的室内覆盖系统,覆盖区域内话音质量等级为 3 以下的地方应占 90% 以上。

8）室内天线的输入功率应小于 15 dBm,电梯井内天线输入功率可达 20 dBm。

9）覆盖区与周围各小区之间应有良好切换。

10）对于宽带直放站系统,施主小区信号强度应大于等于次强小区信号强度 6 dBm。

**2** CDMA 网无线覆盖系统的验收应符合下列规定：

1）无源系统整体驻波比应小于 1.5,水平层面无源系统驻波比应小于 1.5。

2）标准层、裙楼：覆盖目标内 95% 的区域,前向接收功率应大于等于 −82 dBm,Ec/Io 应大于等于 −10 dB。地下层、电梯：覆盖目标内 95% 以上区域,前向接收功率应大于等于 −90 dBm,Ec/Io 应大于等于 −9 dB,保证移动台能正常接入且不掉话。

3）误帧率 FER。标准层、裙楼：90％以上区域的实测 FER
应小于 1％；地下层、电梯：90％区域内达到实测 FER
应小于 3％。

4）接通率：应要求在目标覆盖区域内的 98％位置，99％的
时间移动台可接入网络。掉话率：忙时话务统计，以蜂
窝基站为信号源时，掉话率应小于 1％；以直放站为信
号源时，掉话率应小于 2％。

5）室内和小区分布的设计范围内 4 级测试点的数量应
占 95％。

6）分布系统对施主基站接收端引起的上行噪声抬高应小
于 3 dB。

7）室内覆盖系统不得过度覆盖室外，距建有室内覆盖系统
的建筑物 10 m 处，室内信号的电平应比室外信号的低
9 dB 以上。

8）室内外小区和室内各小区之间的切换成功率应人
于 95％。

3  4G 无线覆盖系统的验收应符合下列规定（表 8.5.5）。

表 8.5.5  4G 室内分布系统的指标要求

| 覆盖类型 | 覆盖区域 | 覆盖指标 | |
|---|---|---|---|
| | | RSRP 门限（dBm） | RS-SINR 门限（dB） |
| 室内覆盖系统 | 一般要求 | -105 | 6 |
| | 业务需求高的区域 | -95 | 9 |

注：对于室内覆盖系统泄漏到室外的信号，要求室外 10 m 处应满足 RSRP 小于等
于-110 dBm 或室内小区外泄的 RSRP 比室外主小区 RSRP 低 10 dB。

1）网管驻波应小于 1.4，RSSI 应小于-95 dBm；

2）室内 PCI 与网管配置一致，应与室内能接收到的室外扇
区 PCI 无模三干扰；

3）天线下方 2 m 范围内 RSRP 应大于-60 dBm，SINR 大
于 20 dB，单通道峰值下载应大于 35 Mbps，单端口 TM

等于 1,双端口 TM 等于 2,双通道峰值下载应大于 70 Mbps,双端口 TM 等于 3。

**4** 5G 无线覆盖系统的验收应符合下列规定:

**1)** 远端单元下方 1 m 处 RSRP 接收功率大于−70 dBm。

**2)** 覆盖率指标要求目标覆盖区域 95% 以上位置满足 RSRP 大于等于−110 dBm 且 SINR 大于等于 3 dB。在目标覆盖区域内 95% 以上位置,满足(空载):PDCP 层下行速率大于等于 150 Mbps,上行速率大于等于 20 Mbps。

**3)** 服务质量指标要求上下行速率的优良比超过 70%;其中,室分 PDCP 层下行速率大于等于 600 Mbps,上行速率大于等于 30 Mbps 为优良。室内信源间切换成功率大于等于 99%。室内外信源间切换成功率大于等于 99%。

**4)** 信号泄漏 RSRP 小于等于−110 dBm 或小于室外主覆盖基站 10 dB 概率大于 90%。

**5)** 上行通道底噪指标要求(空载)小于等于−115 dBm。

## 8.6 无线对讲系统

**8.6.1** 无线对讲系统设计应符合下列规定:

**1** 系统整体设计应符合下列规定:

**1)** 系统应满足建筑安全及运营管理业务所需专用移动通信需求,具备可移动接收通信能力的收发对讲机;

**2)** 系统配置应满足当前业务建筑管理需求,同时兼顾一定周期内业务增加的要求;

**3)** 无线对讲系统除考虑建筑管理通信建设外,应同时考虑满足与建筑安全相关的专用无线通信要求。

**2** 系统架构设计应符合下列规定:

1）系统组网应建立无线对讲信号中转模式网络,并通过独立组网的方式建设,同时通信应具有最高的优先级别。

2）系统组网应综合考虑建筑综合安全通信的需求,满足建筑管理通信以外的其他与建筑安全相关的专用无线通信系统接入的要求,并充分考虑与其他制式系统共网建设的可能性。

3）建筑管理通信使用系统频率应为 150 MHz 或 400 MHz 频段。系统信号源使用的频率及频率范围和信道间隔应符合国家与上海市无线电管理机构的相关规定;系统基站内当引入应急管理、安全保障通信部门基站或转发台时,其所使用的专用频段应符合国家和上海市无线电管理机构的要求。

4）组网设计应降低设备故障对通信的影响程度,系统主干链路(包括光纤、缆线及射频主干线路)应优先选择星状分布结构或环网分布结构。

5）系统应根据现场情况选择合适的设备进行组网,并采用合适的有源放大设备扩展系统通信范围,对于需要信号远距离传输的区域,宜优先采用光纤直放站近、远端设备。

6）有源放大设备提升功率的射频信号应取自信道机或基站信号,不应采用级联方式多次提升信号功率。

7）系统有源设备的电负荷等级应与本建筑物中最高等级的用电负荷相同并采用专用的供电回路。

8）系统电磁兼容设计应符合现行国家标准《建筑电气工程电磁兼容技术规范》GB 51204 的规定。信号源基站或转发台的射频技术指标应符合现行国家标准《专用数字对讲设备技术要求和测试方法》GB/T 32659 的有关规定。

**3** 系统功能设计应符合下列规定:

1）系统应具备单呼、组呼及全呼三种语音通信模式；

2）系统宜具备身份显示、呼叫提示功能；

3）系统宜具备文字短信发送和接收的功能；

4）系统应具备设备监控功能，实现对信道机或基站、对讲机及有源放大设备的远程监控；

5）系统宜具备对讲机调度及通话录音功能，且宜具有与其他智能建筑系统的关键信息互联功能以及第三方系统信息向对讲机发布并显示的功能；

6）系统宜具备在线巡更功能，通过对讲机完成巡更工作；

7）系统宜具备对讲机室内外定位功能，实现对讲机位置与轨迹管控。

**4  系统性能设计应符合下列规定：**

1）对于信号的覆盖应通过设计将信号能量均匀分布至各个区域。

2）无线对讲信号应覆盖建筑红线范围内所有区域，包括消防楼梯、地库、建筑红线范围内的周边道路、楼内电梯及所有机电设备室。

3）覆盖范围内信号功率分布应均匀，覆盖效果应确保良好。

4）无线对讲信号在覆盖区域内 95％位置的接收信号场强应大于或等于－95 dBm。机房、变电所等电气化区域 95％位置的接收信号场强宜大于或等于－85 dBm。

5）无线对讲信号在覆盖区域内信噪比不得低于 12 dB。

6）应合理设置辐射点输出端口的功率，辐射点的最大辐射场强应符合现行国家标准《电磁环境控制限值》GB 8702 的有关规定。

7）室内天线对外辐射信号功率应不大于＋15 dBm，在建筑物红线外 500 m 的外泄电平应小于－105 dBm。

8）分布式有源天馈系统所覆盖区域场所语音通话质量合

格区域应大于 98%。

**8.6.2** 无线对讲系统设备安装应符合下列规定：

**1** 功分器、耦合器及天线等设备安装位置及路由走向应严格依照设计要求及允许的安装偏差安装，不应随意变动安装位置及路由走向规划。

**2** 天线附近应无直接遮挡物。室内无吊顶环境下，天线宜采用吊架固定，天线吊挂高度应略低于屋顶其他障碍物，保证天线的辐射特性。

**3** 天线支吊架安装应保持垂直，整齐牢固，无倾斜现象。

**4** 定向天线的天线主瓣方向应正对目标覆盖区域。

**5** 功分器及耦合器安装应采用相应的安装件进行固定，并且垂直、牢固，不允许悬空放置。

**6** 功分器及耦合器应安装在易于维护的位置。接头应牢固可靠，电气性能符合规范要求，两端应固定牢固。

**8.6.3** 无线对讲系统调试应符合下列规定：

**1** 系统调试流程应包括对讲通信分组、信号覆盖调试、系统功能调试及连续运行检测，并按先后顺序依次开展。

**2** 调试准备阶段进行系统设备安装检查和安装测试，应符合下列规定：

1）不低于总安装数量 5% 的天线安装抽检，抽检天线安装情况应符合设计要求，安装位置与设计位置偏差应小于 2 m；

2）不低于总安装数量 5% 的功分器、耦合器安装抽检，抽检情况应符合设计要求，器件接续正确，且使用器件规格与设计相符；

3）机房内设备安装全检，安装情况应符合要求，且供电符合设计要求，设备应能正常上电运行；

4）光纤、缆线链路测试，链路衰耗应满足设计要求；

5）无源射频信号覆盖网络驻波比测试，链路驻波应满足设

计要求并且驻波比测试数值小于等于 1.5;

   6）如未通过安装检查和安装测试,应进行安装整改并进行再次安装检查和测试,通过后方开展系统调试。

**3** 信号覆盖调试应根据系统设计进行通信制式、组网方式的参数配置与通信功能调试,建立有效的无线信号传输网络。

**4** 信号覆盖调试应进行信号覆盖区域的空间场强与通话质量测试,同步对有源放大设备的增益、输出功率等设备参数进行调整,使空间场强及通信质量符合系统设计要求。

**5** 信号覆盖调试应在项目边缘红线外进行场强测试,同步对有源放大设备的增益、输出功率等设备参数进行调整,使红线外信号场强符合上海市无线电管理机构的相关规范及要求。

**6** 系统功能调试应根据对讲分组信息进行通信分组的配置与测试,对讲通信功能应与对讲分组信息提及的要求保持一致。

**7** 无线对讲调试各阶段应制定调试报告,并记录相关调试参数。

**8.6.4** 无线对讲系统检测应符合下列规定:

**1** 无线对讲系统检测项目应包含信号场强检测、通信质量检测及系统功能检测。

**2** 信号场强检测应符合下列规范:

   1）在覆盖区域内选择测试点,单位建筑面积选点应不少于 1 处/2 000 m²;

   2）测试点选取应均匀分布,包含覆盖区域内的各类环境位置;

   3）使用场强检测设备在每个测试点进行信号强度计量;

   4）覆盖区域场强检测合格百分比应符合本标准第 8.6.1 条无线对讲系统接收信号场强的相关规定。

**3** 通信质量检测应符合下列规定:

   1）在覆盖区域内选择测试点,单位建筑面积选点应不少于 1 处/2 000 m²。

2）测试点选取应均匀分布,包含覆盖区域内的各类环境位置。

3）每个测试点发起对讲语音通信应不少于3次。进行语音质量评分及语音接通次数统计,并进行数据通信成功接收次数统计。

4）通信质量检测合格百分率应符合系统设计的话音质量及通信呼损率相关规定。

8.6.5 无线对讲系统验收应包括多种呼叫功能、动态分配信道、终端信息传输显示功能、系统冗余热备份、网络监测管理等功能验收,以及等效全向辐射功率、信号覆盖范围、信号覆盖质量、语音通话质量、天馈线驻波比、系统三阶互调、系统接通率测试等技术指标的验收。

## 8.7 有线电视及卫星电视接收系统

8.7.1 有线电视及卫星电视接收系统设计应符合下列规定:

**1** 有线电视及卫星电视接收系统应遵守行业管理部门及有线运营单位的有关规定。

**2** 接收天线接收的卫星直播电视信号和广播电视信号,未经当地有线电视运营单位许可,不应与其所直属的有线电视接入网混合使用。

**3** 卫星电视天线系统设计应符合下列规定:

1）卫星地面接收天线口径与质量应保证有较大的增益、较低的噪声和宽频带的特性;

2）在城市内宜选用铝板实体抛物面天线,保证电视画面清晰;

3）高频头应选用低噪声高频头,当水平与垂直极化信号需同星接收时,应选用双极化高频头;

4）对于大口径卫星接收天线的安装应进行抗风力的计算

及基座设计。

**4**  有线电视及卫星电视接收系统设备设计应符合下列
规定：

1）卫星数字电视接收机各项技术要求应符合现行行业标
准《卫星数字电视接收机技术要求》GY/T 148 的规定；

2）OLT 设备可布置在前端设备机房内；

3）宜采用输出电平高、噪声系数低、非线性失真小和带有
自动增益控制功能的干线放大器；

4）分配器的分配损耗，分支器的插入损耗、分支损耗和频
响等应适应千兆宽带及双向的要求；

5）机架的安装应按七度抗震设防烈度进行加固，其加固方
式应满足现行行业标准《电信设备安装抗震设计规范》
YD 5059 的有关规定。

**5**  传输网络系统设计应符合下列规定：

1）卫星电视接收系统的传输网络应是专用独立网，与省级
有线电视网络分开，避免在 110 MHz～862 MHz 频道
设置中与当地有线电视节目频道冲突，上海有线电视频
率配置应符合表 8.7.1 的规定。

表 8.7.1  有线电视广播系统的频率配置表

| 波段 | 频段（MHz） | 用途 |
|---|---|---|
| R | 5～65 | 上行数字业务 |
| X | 65～87 | 保护频段 |
| FM | 87～108 | 广播业务 |
| A | 110～550 | 下行模拟业务 |
| A | 550～862 | 下行数字业务 |
| A | 862～1 000 | 备用 |

2）在卫星电视接收系统的独立专网中，增设广播电视节
目、自办节目、VOD 点播节目，监控信号接入时应对不同信号作

不同的处理转换和频道调制；

3）传输网络应按 860 MHz 或 1 000 MHz 双向功能和邻频传输需求设计，并考虑未来的可扩展性；

4）在充分利用现有 HFC 网络的前提下，应加快推进光纤入户，满足超高清电视频道、高速互联网接入以及多种增值业务发展需求；

5）主干线缆应采用地下管道敷设，宜采用管线集约化同沟走线方式，建筑物内管线应采用暗敷设方式；

6）光纤分配网宜采用树形结构，根据设计要求选择分光形式；

7）用户终端设计电平要求应为 68 dBμv±3 dBμv。

**8.7.2** 有线电视及卫星电视接收系统主要设备安装应符合下列规定：

**1** 系统端站天线安装应符合下列规定：

1）卫星天线宜设置在建筑物房顶上，应留有安全的操作空间，天线的指向应无遮挡物，避免安装在风力较大的地方，远离产生电磁干扰的电器设备。天线距前端机房的馈线长度不宜超过 30 m。

2）天线基础可采用钢结构或钢筋混凝土结构；基础的预埋可与管线支架、避雷设施接地体同步考虑。天线在地面安装时基础地面应夯实，以防不均匀沉降。

3）天线脚架的定位安装应先测量粗调方位角，校准尺寸后与基座固定；脚架的安装牢固后，安装方位托盘和仰角调节螺杆。

4）天线抛物面反射板和加强支架应装在托盘上；分瓣反射板有顺序要求的，应严格按随机技术文件进行拼装。装配完成的抛物面反射板应用样板检查各部位的弧度，偏差应在规范规定的范围内。

5）馈源支架和馈源固定盘安装后，馈源、高频头和连接其矩形波导口应对准、对齐;波导口内侧应平整,波导口密封圈应拧紧螺栓防止渗水;装配完成的高频头馈源应对准抛物面天线中心位置的聚焦点。

  **2** 系统设备安装应符合下列规定:
    1) 前端机房机架和控制台应进行垂直度调整,设备(包括操作面)允许偏差应符合相关规定;
    2) 连接设备的电缆插头应接触良好、牢固、排列整齐和美观,端部应有标示明显的永久性标签;
    3) 光节点、放大器、缆桥交换机等有源设备,分配器件及用户端部分,楼层集线箱及用户信息配线箱的安装应符合现行上海市工程建设规范《广电接入网工程技术标准》DG/TJ 08—2009 的规定。

**8.7.3** 有线电视及卫星电视接收系统调试应符合下列规定:

  **1** 应根据设计要求调试卫星接收天线方位角和仰角,使得卫星接收机信号强度及质量达到最大。调试完成后应紧固天线固定螺母。

  **2** 前端设备调试输出电平应符合设计要求。

  **3** 传输和分配网络的调试应符合下列规定:
    1) 干线放大器输出电平值的调整和均衡器的配接应适当;
    2) 分配系统线路放大器的输出电平和每根分支电缆的最末一端的用户终端盒输出电平,应符合设计要求;
    3) 从光纤分配网络到用户终端应逐级正向及反向调试,调试结果应符合设计要求。

  **4** 系统的调试在天线、前端、传输干线和分配网络分别调试完毕的基础上进行。

**8.7.4** 有线电视及卫星电视接收系统检测应包括下列规定:

  **1** 工程检测应包括系统主观评价和客观测试。

  **2** 主观评价应符合现行国家标准《智能建筑工程质量验收规范》GB 50339 的规定。

**3** 客观测试应包括卫星接收电视系统的接收频段、视频系统指标及音频系统指标,有线电视系统的终端输出电平。

**4** 对天线底座接地、机房接地、供电系统、防雷系统进行测试。

**8.7.5** 有线电视及卫星电视接收系统验收应包括下列项目:

**1** 验收文件应包括卫星天线详图、用户分配电平图、电视接收节目单,以及当地广播影视管理部门的审批文件。

**2** 验收的内容应包括卫星天馈的安装,机房设备安装及布线,线缆敷设,线路节点设备和器材安装,信号系统电气性能,确认安装的实物量和外观安装质量,确认各阶段测试报告符合性,以及验收组认为必要的抽查。

## 8.8 公共广播系统

**8.8.1** 公共广播系统设计应符合下列规定:

**1** 系统整体设计应符合下列规定:

    **1)** 与公共广播系统相关的建设工程应满足建筑声学特性要求;

    **2)** 涉及到消防应急广播的设备应有国家强制性产品认证证书;

    **3)** 公共广播应为单声道广播,并根据用途和等级要求进行设计;

    **4)** 公共广播系统可具有多种广播用途,应设置优先等级。

**2** 系统性能设计应符合下列规定:

    **1)** 根据系统要求的广播区域进行分区,确定扬声器的数量、型号、所需电功率,确定功率放大器的型号和数量;

    **2)** 当消防广播和公共广播合用时,系统应按照火灾自动报警系统的相关规范的要求进行配置;

    **3)** 应按系统功能要求,选定节目源设备及相关的前级放大器或信号切换放大装置；

4）制定系统结构图及其说明文件,应考虑信号流的安排,作好信号流的切换、优先权安排和房间等信号切换,并配齐监听器、风扇单元、电源开关盒、接线箱及直流电源等设备；

5）应确定控制中心的位置,计算设备所需电源容量,对机房的电源容量、位置以及信号接地和安全接地做出设计,并做出控制中心及其设备现场配置图。

3 系统功能应符合下列规定：

1）公共广播系统应能实时发布语声广播,且应有一个广播传声器处于最高广播优先级。

2）当有多个信号源对同一广播分区进行广播时,优先级别高的信号应能自动覆盖优先级别低的信号。

3）当公共广播系统有多种用途时,紧急广播应具有最高级别的优先权。公共广播系统应能在手动或警报信号触发的 10 s 内,向相关广播分区播放警示信号、警报语声文件或实时指挥语声。

4）以现场环境噪声为基准,紧急广播的信噪比应等于或大于 15 dB。

5）紧急广播系统设备应处于热备用状态,或具有定时自检和故障自动告警功能。

6）紧急广播系统应具有应急备用电源,主电源与备用电源切换时间不应大于 1 s,应急备用电源应能满足 20 min 以上的紧急广播。以电池为备用电源时,系统应设置电池自动充电装置。

7）紧急广播音量应能自动调节至不小于应备声压级界定的音量。

8）当需要手动发布紧急广播时,应设置一键到位功能。

9）单台广播功率放大器失效不应导致整个广播系统失效。

10）单个广播扬声器失效不应导致整个广播分区失效。

4　广播扬声器应符合下列规定：

1）广场以及面积较大且高度大于 4 m 的厅堂等块状广播服务区，可根据具体条件选用集中式或集中分散相结合的方式配置广播扬声器；

2）当采用无源广播扬声器，且传输距离大于 100 m 时，宜选用内置线间变压器的定压式扬声器；

3）用于火灾隐患区的紧急广播扬声器应使用阻燃材料，或具有阻燃后罩结构；

4）用于火灾隐患区的紧急广播扬声器的外壳防护等级应符合现行国家标准《外壳防护等级（IP 代码）》GB/T 4208 的有关规定。

5　广播功率放大器应符合下列规定：

1）驱动无源终端的广播功率放大器，宜选用定压式功率放大器。

2）非紧急广播用的广播功率放大器，额定输出功率不应小于其所驱动的广播扬声器额定功率总和的 1.3 倍。

3）用于紧急广播的广播功率放大器，额定输出功率不应小于其所驱动的广播扬声器额定功率总和的 1.5 倍。

4）广播传声器的频率特性宜符合现行国家标准《应急声系统设备主要性能测试方法》GB/T 33856 的有关规定；

5）广播传声器宜具有发送提示音的功能；当用作寻呼台站时，应配备分区选通功能。

8.8.2　公共广播系统设备安装应符合下列规定：

1　主机硬件设备安装符合下列规定：

1）广播主机应按照设计图纸和设备安装说明的要求牢固安装在机柜（箱）上；

2）主机的各类板卡应根据设备安装说明的要求依次插入，安装板卡时应严格遵守操作规程，并采取防静电措施；

3）设备安装完毕后应对已安装的设备进行复查，并作好
记录。

**2** 公共广播及紧急广播系统线缆敷设，应符合本标准第 4 章
的相关规定。当广播系统具有火灾应急广播功能时，应在敷设中
考虑传输线缆、槽盒和导管的防火保护措施。

**3** 扬声器安装应符合下列规定：

1）室外扬声器安装时应具有防水保护措施；

2）挂墙与立杆安装的扬声器应按设计声场的要求调整其
放声方向。

**8.8.3** 公共广播系统调试应包括下列项目：

**1** 根据设计和使用对功能的要求进行数据设置、根据系统
对功能的要求进行系统或设备参数设置；

**2** 根据通用功能进行逐项测试；

**3** 消防应急广播调试：模拟火警发生的情况，进行逐个分区
调试。

**8.8.4** 公共广播系统检测应符合下列规定：

**1** 系统基本性能的检测应符合下列规定：

1）系统的输入输出信号电平及阻抗匹配应符合相关标准
要求；

2）管线敷设、连接应符合安装施工规范要求；

3）前端扩声系统分布合理，广播分区应符合消防规定；

4）系统接地应符合设计要求。

**2** 系统功能检测应符合下列规定：

1）语言广播、背景音乐、分区广播和公共寻呼插播应能正
常运行，并对保障电源进行监测；

2）紧急广播与公共广播合用一套设备时，紧急广播应具有
最高优先级，其有权发布紧急广播的系统可强制切换公
共广播为紧急广播并以最大音量播出；

3）消防紧急广播自动强切时能按照消防的相关规范要求

进行广播；

4）公共广播系统的远程控制、联网检测等功能应符合设计要求；

5）配备冗余设备的系统在主设备发生故障时，备用设备应能及时启动并投入运行。

8.8.5 公共广播系统验收应符合下列规定：

**1** 对系统前端扬声器和音控设备进行抽检，确认其运行正常。

**2** 对广播主机、音源、功放等进行逐个检查，确认其运行正常。

**3** 对消防广播的强切和火灾自动报警系统的联动功能应逐个按防火分区测试，确认其达到消防相关规范的要求。

**4** 紧急广播的声压测试结果应符合现行国家标准《火灾自动报警系统设计规范》GB 50116 中火灾应急广播的有关规定。

## 8.9 信息导引及发布系统

8.9.1 信息导引及发布系统设计应符合下列规定：

**1** 信息导引及发布系统应采用开放式的架构，功能上应选择具有协同性、直观性、智能化，技术上应选择具有安全性、先进性、可靠性，且注重系统合理性和经济性的架构和方案，并具有较好的兼容性，宜选择云信息导引及发布系统。

**2** 系统设计要素及功能设计应符合下列规定：

1）信息发布大屏幕设备、系统设备的选型应按照实际安装位置、安装条件、建筑格局及使用环境，确定其具体尺寸和控制方式；

2）信息发布大屏幕设备控制方式的设计与选型应考虑设备开关机控制、传输距离和走线状况；

3）信息发布屏设备采用 LED 屏时刷新频率应不低于

240 Hz;

4）信息发布系统的布线网络设计，其控制线路根据不同的控制方式，应符合有关规范，宜使用局域网控制一个网段的网络环境；

5）信息发布显示屏采用 LED 屏应考虑供电要求、系统最大功耗、防雷、防水和散热等，室外安装应满足 IP65 防护等级标准；

6）系统触摸屏设备设计选型应按照实际安装位置、安装条件及建筑格局，选择不同的整体式或分体式触摸屏系统；

7）触摸屏系统的网络设计有联网控制和显示要求时，应在触摸屏安装位置设置网络划分、IP 地址分配等网络接入点，保证控制点与终端及服务器之间的网络连通；

8）信息发布系统软件设计应与显示设备相匹配，充分利用有效的显示面积保证图像质量，软件系统应能够支持远程维护和联网管理。

3　系统的配置设计应符合下列规定：

1）信息发布系统的配置设计宜包括主显示屏、安装附件、布线网络材料、控制主机、控制软件等；

2）触摸屏系统的配置设计宜包括触摸屏一体机或分体机、安装附件、布线网络材料、控制软件等；

3）对有联网需求的还应设计数据库及服务器，并确定控制方式。

4　系统接口设计应符合下列规定：

1）信息发布系统或触摸屏系统与智能化集成系统的接口设计，应支持及时显示由智能化集成系统提供的各种公告信息；

2）信息发布系统或触摸屏系统与物业管理系统的接口设计，应支持及时显示由物业管理系统提供的各种公告

信息;

3)应明确接口协议及功能描述。

5 系统设备与材料的施工界面应包括相关信息发布屏或触摸屏等显示设备及其辅材,相关控制终端、管理终端、服务器及控制管理软件。

**8.9.2** 云信息导引及发布系统架构设计应符合下列规定:

1 云信息导引及发布系统宜采用云端虚拟服务器,实现不同操作系统的同机运行。系统的数据宜存储在云端,采用云平台实现多种海量数据的混合存储、计算和高效访问,为不同设备和系统的连接、数据导入、分析及服务提供高效支持。

2 系统宜采用浏览器/服务器架构跨平台部署,对信息内容进行编辑、发布、传输,以及终端远程监控等功能。

3 应用软件和营运管理软件等宜部署于云端,云服务供应商、软件供应商应提供相关的云端应用和集成,在云端进行数据的存储、设备状态管理及数据应用分析等。

4 信息显示设备应选用具有智能化模块的终端执行设备,如 LED 屏、触摸屏、计算机及其他移动显示设备或基于不同操作系统的智能显示设备。

5 应合理架构云端计算与设备端智能模块的运算分析功能和应用,网络中断时设备宜能独立正常运行。

6 宜通过以太网、广域网、IoT、4G、5G 等通信方式实现大范围信息发布和传输。

7 通过云应用,系统应具备接入外部资源和服务的能力,宜实现与智慧社区、智慧城市服务的对接。

**8.9.3** 信息导引及发布系统调试应符合下列规定:

1 系统功能调试应符合下列规定:

1)信息发布系统硬件设备调试内容应包括电源调试、线路调试、控制终端调试、管理终端调试、服务器调试、网络连接调试、软件功能调试与性能调试,以及对已经安装

到位的显示屏进行通电调试,对显示屏的显示亮度、色彩等屏幕参数进行设置;

2）触摸屏系统硬件设备调试应对已经安装到位的触摸屏进行通电调试,调整显示亮度、色彩等屏幕参数,并对触摸屏进行点击定位调试,软件安装完成后,进行软件显示调试。

**2** 系统联调应符合下列规定:

1）通电试验应按设备分区接通电源,不得同时通电,应在分区调试合格后再进行系统联调;

2）应启动完整的信息发布系统或触摸屏系统进行联机控制及管理调试;

3）其他系统与显示屏系统数据输入输出测试应正常;

4）其他系统与显示屏系统控制功能测试应正常。

**8.9.4** 信息导引及发布系统检测应符合下列规定:

**1** 系统硬件检测应包括下列项目:

1）显示屏外型尺寸及外观检测以及点阵块外型及点数检测应符合设计要求;

2）显示屏应进行点阵颜色复测、可视距离检测、可视角度检测、失控点检测、均匀性检测、绝缘电阻检测及交流功耗检测;

3）触摸屏系统硬件检测内容应包括触摸屏外型尺寸及外观检测响应定位检测、响应速度检测、盲点检测以及开关机检测。

**2** 系统的功能检测应符合下列规定:

1）信息导引及发布系统的软件操作界面显示应准确有效,网络播放控制、系统配置管理、日志信息管理等功能应符合设计要求;

2）信息发布系统功能和触摸屏系统功能检测应根据用户需求及设计方案,对设计功能逐项检测,并填写检测记录表；

    3）系统断电后再次恢复供电时的自动恢复功能应正常；

    4）系统终端设备的远程控制功能应符合设计要求。

**8.9.5**　信息导引及发布系统验收应符合下列规定：

    **1**　应有信息显示屏系统的性能及功能调试报告和检测报告。

    **2**　应向用户提供触摸屏驱动软件安装介质、显示及管理软件安装介质。

    **3**　各类显示终端的显示效果，包括分辨率、色彩、图像内容及亮度等的验收应符合设计文件的技术规定。

## 8.10　会议系统

**8.10.1**　会议系统设计应符合下列规定：

    **1**　矩阵型信号处理系统设计应符合下列规定：

        1）系统应同时支持模拟和数字视频信号，满足多种类型信号接入。

        2）系统应支持音频、视频独立切换。

        3）系统应具备双绞线介质传输能力，支持信号长距离传输；或具备光纤介质传输能力，以满足信号更长距离传输的要求。

        4）系统应支持 EDID 管理；宜具备提供接入信号分辨率、刷新率、信号路由、输出信号分辨率、刷新率及设备状态等信息的能力，便于集中管理。

        5）系统应具备解析度自动转换技术。

    **2**　网络型信号处理系统设计应符合下列规定：

        1）网络型系统应采取网络安全措施，音视频内容传输需加密，控制管理信息内容传输也应加密，宜支持热备份；

        2）网络型系统输入接口数量和类型应和信号源相匹配，输出接口数量和类型应和显示设备相匹配；

3）网络型系统应支持从 NTSC 480i 或 PAL 576i,到 UHD
和 4K 的信号格式处理和传输;

4）网络型系统支持的分辨率宜达到 4K 60 Hz 4:4:4 HDR,
应支持高带宽数字内容保护 HDCP2.2 且向下兼容,系
统端到端延迟不宜超过 1 帧。

3 IP 视频会议系统设计应符合下列规定:

1）VCT 系统终端应内置视频编解码器、音频编解码器、控
制系统、音频延时电路、复用和解复用电路和网络接口,
完成 VCT 和网络之间的匹配;

2）网守应具备用户接入认证、地址解析、资源管理和调度、
带宽控制管理、安全性管理等功能,并应符合现行国家
标准《基于 IP 网络的视讯会议系统设备技术要求 第
4 部分:网守(GK)》GB/T 21642.4 的有关规定;

3）MCU 多点控制单元要求支持 3 个或更多个终端间会议
的功能,并应符合现行国家标准《基于 IP 网络的视讯会
议系统设备技术要求 第 3 部分:多点控制单元
(MCU)》GB/T 21642.3 的有关规定。

4 云视频会议系统设计应符合下列规定:

1）软件应满足基本网络条件下的通信需求,提供高清视频
信号和清晰音频信号,具有音视频会议即时通信、电子
白板等功能;

2）应支持即时连线会议、预约会议、输入会议主题、选择参
会人员及会议时间等,支持短信通知,会议信息通过短
信形式或语音播报发送给相关参会人员;

3）云视频会议 MCU 应采用整机一体化的体系结构,
MCU 的操作系统应为嵌入式操作系统;

4）应支持高清分辨率,支持 H.264 HD、H.265 活动视频
编码协议;

5）应支持终端以可变的速率接入;

6）系统应具备多画面高清分屏功能,能动态进行不同分屏组合,画面切换时间不得大于1 s;

7）云视频会议终端应支持多种软件终端模式(PC/Android/iOS);

8）具备网络容错功能,终端应自动调整带宽及图像分辨率;网络恢复时,终端应可自动提升连接速度,达到最佳的图像效果;

9）云视频会议应支持公有云、私有云和混合云等多种部署方式,支持云端音视频录制,并可根据权限查看下载相关录像文件;

10）云视频会议应考虑网络信息安全、反向代理隔离、DDos基础防护等加密算法。

5　摄像系统设计应符合下列规定:

1）摄像系统应支持会场摄像和跟踪摄像。

2）摄像机分辨率应与系统要求分辨率、信号处理系统和视频显示系统相匹配。

3）会场摄像系统宜具有人脸识别功能、人数统计功能,并能根据拍摄区域的人数变化自动缩放画面。宜具有数字视频接口和IP网络接口;具备多种接口的,宜具有冗余备份功能,所有接口宜可同时输出图像。

4）跟踪摄像系统应具有预置位功能,预置位数量应大于发言者数量。

6　分布式录播系统和一体式录播系统应符合下列规定:

1）会议录播应具有对各种会议终端、摄像机、计算机、自带设备的音视频信号录制、直播、点播的功能;

2）应具有对会议室内的各种网络音视频流媒体等信号进行采集、编码、传输、存储的能力;

3）应具有多种控制方式及人机访问界面;

4）应支持多种方式对接集中控制系统管理和操作;

5）宜具备录制内容编辑功能；

6）宜具备通过网络远程升级维护的能力；

7）视频图像采集编码能力应与摄像机采集能力匹配；

8）局域网环境下直播延时应小于 500 ms；

9）广域网环境直播宜支持网络带宽自适应，根据观看者不同，网络环境能自动调整视频信号质量。

7　会议扩声系统对于建筑声学要求应符合下列规定：

1）厅堂混响时间应按使用功能来确定主要频率段合适的数值；

2）厅堂内的音质应保证听音区域内各处有合适的相对强感、早期声场强度、清晰度和丰满度；

3）厅堂电声系统在使用时，听音区域内任何位置上不得出现回声、多重回声、颤动回声、驻波、声聚焦和共振等可识别的声缺陷；

4）建筑声学专业设计方和装修设计、施工方应防止因室内装修而引起的声学缺陷，室内装修还应满足电声设计对音箱的布置要求，保证音箱的透射效果和指向特性不受影响；

5）在使用电声系统时，应在主要话筒使用区域附近设置减少声反馈的建筑声学措施；

6）室外侵入噪声和建筑物内的设备噪声、连续噪声和低频噪声、非连续噪声、干扰噪声等应尽量消除其干扰。

8　厅堂扩声系统初步设计应符合下列规定：

1）以语音为主的厅堂可采用单声道扩声系统；

2）语音及多媒体影音兼用的系统宜采用立体声扩声系统；

3）扩声系统原则上应达到声像与视像的高度统一，所有听音区域都可听到完整的节目信息，有效避免由于音箱过多、摆放位置不规则而产生声波的相互干涉效应；

4）环绕及中置声道可根据使用功能需求配置；

5）音箱的选型和布置、调音台及控制界面、功率放大器和声音处理设备的选型均应符合现行国家标准《厅堂扩声系统设计规范》GB 50371 的规定；

6）数字发言设备选型宜具有多方会议讨论、会议表决和会议同声传译功能。

9 音频传输要求应符合下列规定：

1）模拟传输：应保证各设备之间的电平和阻抗匹配，宜采用平衡式传输链路，并保证各设备之间的等电位；

2）数字传输：应选用适合的、延时低、失真小的主流传输方式，并选用合适的专用传输线缆、接口，基于 TCP/IP 传输协议的传输方式宜独立组成专网传输。

10 控制系统设计应符合下列规定：

1）控制系统架构为集中式控制时，应由主机和执行器组成系统；

2）控制系统架构为分布式控制时，各控制单元不依赖于其他单元而独立工作，也可通过设置，联动控制；

3）控制系统控制方式为手动控制时，通过按键面板、触摸屏、遥控器等人机交互界面人为触发音设备控制逻辑；

4）控制系统控制方式为自动控制时，通过音视频接口、会议室感应器、会议室预订信息等接口自动触发音视频切换、调节逻辑；

5）系统有多种控制方式时，手动控制方式的级别应高于自动控制；

6）系统应具备数据的统计及查询功能，以应对设备的运行状态、故障报警、维护情况、使用时长、功耗等信息的及时记录查询，并能生成报表；

7）灯光控制系统宜具备应急照明功能，在火灾报警信号启动时，切换到应急照明状态，本地控制和自动控制此时全部失效；

8）系统应支持远程管理控制，支持通过按键面板、触摸屏、计算机等人机交互界面进行操作，可提供中文控制标识。

11 会议预约管理系统应符合下列规定：

1）系统应提供管理员使用的网页形式，包括基础数据维护和统计分析；

2）会议室门口宜具备会议信息显示设备，宜有清晰的会议室占用状态标识。

12 会议无纸化办公系统至少应包括会议排期、会议资料管理、会议资料展示等内容。

13 会议系统中人工智能的应用符合下列规定：

1）人工智能在会议系统中的设计应包括人脸识别签到、预订会议、会议室设备自动控制、自动告警及会议文件的语音录入。

2）支持通过摄像头实现人脸识别功能，支持离线人脸识别身份识别，完成会议预订和签到。

3）宜准确监测人员走动、肢体动作等行为，详细说明空闲、占用的监测机制。

4）被预约的会议室于会议时间开始时，房间内的灯光、窗帘、相关视讯装置应自动启动；视频会议时，该视频会议应自动入会。

5）通过占用传感器宜在会议预订期间无人使用时提前释放会议室。

6）系统应设置告警规则，关键设备离线时需提供自动报警通知会议室管理员。

7）宜利用智能语音技术将语音录入转化为文字，形成会议相关文件。

**8.10.2** 会议系统设备安装应符合下列规定：

1 显示设备安装应符合下列规定：

1）会议显示设备和显示屏幕的安装位置应符合设计要求，并应根据现场会议家具实际摆放位置进行调整。

2）投影机及屏幕安装位置应根据镜头焦距、屏幕尺寸和反射次数计算；投影机距投影幕的距离应取安装距离范围的中值，若遇障碍物可适当调整；投影机及投影幕的水平方向安装位置皆居中对称。

3）安装投影机的背投间内，墙面、天花板、地面应避免光线干涉，背投间内刷黑色涂料或采用吸光材料。

4）投影幕前 1.5 m 范围内灯光回路应独立可控，灯光控制回路宜平行于屏幕，灯光不宜直接照射在投影屏幕上。

5）显示设备的固定结构件应能使显示设备在水平方向和垂直方向适当调整。

6）LED 视频显示系统安装应符合现行国家标准《视频显示系统工程技术规范》GB 50464 的相关规定。

**2**　扩声设备安装应符合下列规定：

1）音箱的水平角、俯仰角应在设计要求的范围内灵活调整；

2）暗装音箱的正面透声结构应符合设计要求；

3）音箱采用支架或吊杆明装应牢固可靠，音频指向和覆盖范围应能符合设计要求。

**3**　发言拾音设备的安装应符合下列规定：

1）嵌入式会议单元安装对应的家具厂家应预先提供家具结构图纸及家具布置图；

2）移动式安装的有线会议单元之间连接线缆长度应留有一定余量，并做好线缆固定；

3）信号收发器安装的高度和方向应符合设计要求，会场内不应有接收盲区；

4）射频会议讨论系统的设备安装应确保会场附近没有与本系统相同或相近频段的射频设备工作；

5）射频会议单元和射频信号收发器的安装位置周围应避免有大面积金属物品和电器设备的干扰；

6）信号收发器进行初步安装后，应通电检测各项功能，音频接收质量应符合设计要求，安装应牢固可靠。

4　机房设备和配电箱的安装应符合相关规定，并应符合下列要求：

1）会议控制台宜与观察窗垂直布置；

2）功放设备宜安装在控制台的操作人员能直接监视的部位，其中音源设备、调音台、周边设备、功率放大器等宜放在同一个机柜（箱）内；

3）监视器屏幕应避免环境光直射；

4）机房内扩声设备壳体保护接地端与等电位连接端子箱应采用接地干线连接，不得以串接的方式连接至等电位连接端子箱。

8.10.3　会议系统调试应符合下列规定：

1　显示设备调试应符合下列规定：

1）显示图像应无几何失真，无坏点，无抖动、缺色、闪烁、漏光等影响图像正常显示的情况，投影机应无失焦、偏色、像素叠加等缺陷；

2）完成显示设备硬件检测后，应执行亮度调节、对比度调节、色彩校正；

3）显示设备辅助功能调试包括但不限于投影幕升降调试、物理按钮功能测试、网络连接调试、信号源切换、工作温度测量等。

2　扩声系统的硬件调试和功能调试应符合下列规定：

1）将噪声发生器和均衡器接入系统，以适中的音量将均衡器接入系统进行调试，频谱仪的测试点指标符合设计要求；

2）媒体矩阵系统与会议系统联调时，开启会议话筒，由系统软件调整音频参数,媒体矩阵应自动调整扩声系统增益,有效防止反馈。

**3** 视频会议系统硬件和功能调试应按下列程序进行并符合下列要求:

1) 连接各视频会议终端、多点会议控制器与本地局域网,各自的连通性应良好。

2) 发起点对点或多点会议,应采用噪声消除和回声消除来处理声音扩放,调整视频画面效果和信号质量,调整声音效果和声音质量。

3) 发起点对点或多点会议,控制、检测本地和远端摄像头,控制、检测本地和远端话筒,应能正常工作。

4) 设置各终端和多点会议控制器的 IP 地址,应确保其具有唯一性。

5) 设置域名解析服务器,设置网关,使之符合设计要求。

6) 设置所用的音视频及数据的编码协议,各点所使用的协议应相同;设置传输带宽,创建多点会议描述,设置主会场和分会场,各项功能应达到设计指标。

**4** 会议管理软件相应的接口模块调试符合下列要求:

1) 安装控制软件和显示软件,调试软件各模块的控制逻辑应正常;

2) 在软件模块中安装系统信息,通过代表资料数据库软件产生会议代表信息,设置系统使用权限应正常;

3) 设置或自定义应用软件的初始参数,测试用户登录、用户标识及口令输入、口令修改等操作应准确;

4) 检查主界面上的应用功能,应正常执行,应用系统功能应符合设计文件要求;

5) 调试话筒管理、摄像跟踪、出席登记与访问控制、同声传译和翻译通道、投票表决和表决结果显示以及话筒和扩声的联动,应工作正常。

**5** 系统联调应符合下列规定：

    **1）**系统联调在各子系统功能调试完成后再进行，应按各子系统之间相互关联的功能需求、执行条件与相关执行动作，模拟执行条件，检查关联动作的执行情况，应符合设计要求，并做好记录；

    **2）**与相关子系统进行反馈，对错误功能进行纠正，应达到最终设计需求；

    **3）**各项功能联调时，调试控制系统和各子系统之间的通信，控制通信应正常；

    **4）**调试控制系统和灯光、电动窗帘等会议环境设备之间的通信，应正常工作；

    **5）**调试显示子系统、扩声子系统、信号处理子系统、远程会议子系统的控制功能和应用逻辑，调试会议环境设备和系统应用的联动功能，调试信号源设备的控制功能和应用逻辑，应符合设计要求。

**8.10.4** 会议系统检测应符合下列规定：

    **1** 视频系统检测应符合下列规定：

        **1）**设备上电启动后，检测各输入信号源切换和容错功能，应正常，检测不同分辨率和刷新率的输入信号在视频系统中的传输和还原表面，应工作正常；

        **2）**检测监视器、显示屏、投影机、LED 屏、录播等输出设备图像质量，应正常；

        **3）**检测各场景切换、信号源联动、相关子系统关联性功能，应符合设计要求。

    **2** 音频系统检测声学参数，检测相关声像同步功能、自动混音功能等子系统联动功能，应工作正常。

    **3** 控制系统检测各受控设备控制、反馈功能，测试由自动控制向手动控制转换时的操作预案和响应时间等应急处理流程，应符合设计要求。

**8.10.5** 会议系统验收应符合下列规定:

**1** 视频系统验收应符合下列规定:

1) 视频显示屏单元显示图像的边缘应横平竖直并充满整个屏幕,不应有明显的几何失真;

2) 各相邻显示屏单元间的光学拼接不应有明显错位;

3) 各视频显示屏单元间的图像拼缝宽度应符合设计要求;

4) 各视频显示屏单元的色温、像素、灰度等级等应符合设计要求,并应逐个测量,同时应作文字记录;

5) 各视频显示屏单元的视角、显示屏亮度、色度均匀性、对比度应调整到设计要求;

6) 相邻屏幕之间不应出现遮挡像素的现象,整屏不应出现漏光现象。

**2** 音频系统验收应符合下列规定:

1) 声道的类型、扩声模式达到要求;

2) 单体设备加电显示正常;

3) 设备的输入输出连接后,系统加电测试连通状态;

4) 听音评价工作宜在满场条件下进行,也可在空场条件下进行;

5) 扩声系统安装调试完毕后,系统应处于正常工作状态,无明显噪声和电流声;

6) 评价内容应包括声音响度、语言清晰度、声音方向感、声反馈、系统噪声、声干扰以及混响时间等内容,其中声干扰和混响时间应作为检验建筑声学的主观评价指标。

**3** 会议管理软件功能的验收应包含设备的启停控制、应用功能、应用数据、容错检测和日志文件检测等内容。

## 8.11 客房控制系统

**8.11.1** 客房控制系统设计应符合下列规定：

**1** 系统宜基于客房智能控制器 RCU 构成专用的网络，协助酒店对客房设备及内部资源进行实时控制分析和综合管理。

**2** 系统宜采用模块化设计，应符合下列规定：

    **1）**客房计算机管理系统应由 PC 服务器、各工作站经以网络互联；

    **2）**客房服务通信系统由交换机通过以太网连接各客房智能控制器 RCU；

    **3）**智能客房控制系统由客房智能控制器 RCU、接线箱、勿扰/清理/门铃开关或多功能指示牌、智能身份识别器或取电开关、紧急呼叫按钮、双鉴红外感应器、温控器、控制开关、门磁等组成，并可与门锁和保险箱联网；

    **4）**系统宜采用分布式网络结构，可灵活实现客房内各种设备集中分散控制。

**8.11.2** 客房控制系统设备安装应符合下列规定：

**1** 客户确定酒店客房控制系统功能后，由技术人员绘制施工布线深化图纸。

**2** 预埋管线及安装"RCU 箱体"，强、弱电施工人员根据图纸，布管并穿线。完成后进行校线及标记工作。

**3** 安装"强电接线板"，按照接线板上的标识，在相应端子及 N 排、地排上压接强电线。

**4** 安装 RCU 主机，当客房具备成品保护条件后，安装酒店客房控制系统核心设备 RCU 主机。连接客房内强电配电箱与 RCU 之间线路，并连接强电接线盘与 RCU 主机（插入白色接插件）。

**5** 安装其他开关面板，当客房墙面装修完成后，安装各开关面板(门外显示器、插卡取电、温控器及其他开关面板),并根据接线图纸进行接线。

**6** 校线,检查线路是否正确,以防止主机损坏。

**8.11.3** 客房控制系统调试应符合下列规定:

**1** 系统调试大纲至少应包括客房控制系统调试的目标和计划、调试项目、内容与方法、系统调试人员组织安排、调试计划进度、调试内控节点。

**2** 系统调试应符合下列规定:

1)系统集成软件的调试;

2)向集成服务器输入工程布点图和监控点数据;

3)安装所有智能化子系统接口软件,并调试连通;

4)检查数据采集情况,保证接口正常;

5)按客房控制逻辑表,进行客房点位检测单点调试。

**3** 客房控制系统与各子系统之间的联调应符合下列规定:

1)各子系统所提供的接口、协议应符合设计要求;

2)采用网络通信协议接口方式的子系统,主机应接入局域网,并配备网络接入线路、网络交换端口和网卡。采用RS232/RS422/RS485等硬件接口方式的子系统,需配备控制器接口输出端和集成布线;

3)通过技术资料提供的参数设置和操作流程接收的信息应正确;

4)接口功能开发在接口调试成功后,依据集成功能要求进行接口功能开发工作。

**8.11.4** 客房控制系统检测应符合下列规定:

**1** 检测内容应包括:在集成平台上,能观察到被集成子系统运行的相关信息,能对被集成子系统的报警信息、设备进行联动控制,以及应急状态的联动控制等。

**2** 检测方法应包括:在现场模拟各类报警状态信号,在集成平台观测,并根据设计所要求的联动逻辑检测联动效果,联动检测应达到安全、准确、实时和无冲突。

**3** 系统实时控制和突发信息方面应包括下列项目：

　　**1**）系统实时可控制的最大房间数；

　　**2**）系统数据采集传送时间；

　　**3**）系统控制命令传送时间；

　　**4**）系统联动命令传送时间。

**4** 应针对建筑运营过程中各管理子系统的信息，对酒店每个客房数据进行汇总、统计和分析，实现酒店客房集中管理和控制。

**8.11.5** 客房控制系统验收应符合下列规定：

**1** 工程验收应对系统前端客房 RCU 设备箱和房间的可控设备进行抽检，确认其运行正常。

**2** 对系统包括设备 RCU 设备箱、各个模块、客房网关、电子门锁、取电开关、空调温控器、清理和勿扰开关、门铃指示牌、报警按钮、信息终端、强电控制器等进行逐个检查，确认其运行正常。

**3** 对抽检客房设备和软件的功能进行逐项测试，验证功能应符合设计要求。

## 8.12 时钟系统

**8.12.1** 时钟系统设计应符合下列规定：

**1** 系统的总体设计应符合下列规定：

　　**1**）时钟授时系统应以卫星定位系统为主，对母钟的时间信号源进行校准，同时应接受全国基准时钟的同步。

　　**2**）时钟系统各组成部分之间的通信应以标准通用的通信方式为主，时间同步网络的定时基准信号传送和网络规划设计应符合现行国家标准《数字同步网工程技术规范》GB/T 51117 的相关要求。

　　**3**）系统应采用模块化设计，应具有兼容性和开放性；系统设计应遵循精确、可靠、易维护的原则。

4）时钟监控系统的操作、设置、修改等宜简便和图像化。

**2**　系统功能设计应符合下列规定：

1）时钟系统所有设备应全天候不间断运行；

2）应具备标准时间源校时功能及与标准时钟同步校准的功能；

3）时钟系统及接收天线应进行防雷设计、抗干扰设计和稳定性设计，以保证信号接收可靠性高，不受地域条件和环境的限制；

4）时钟系统的防雷和接地应符合本标准第11.2.1条的相关规定。

**3**　标准时间接收机及母钟的深化设计和功能设计应符合下列规定：

1）母钟应采用主、备机配置，自动校时；应至少有2个独立且采用不同授时服务的时钟源，互为冗余；主、备模块应具有自检和互检功能，且可手动或自动切换，冗余时钟源架构的设计应满足这种切换需求。

2）主、备母钟宜优先采用内置模块化卫星信号接收机、NTP/SNTP时间服务器等功能的母钟设备。

3）母钟宜至少有2路输入基准信号。

4）时钟源母钟应保持自守时，自守时时钟源的累积误差应小于等于设计要求。

5）系统应自动校正显示时间及守时模块。

6）母钟功能设计应能够显示"年、月、日、星期、时、分、秒"等全时标时间信息，应能实现对时间的统一调整。

7）母钟应能接收卫星的标准时间信号，并对自身进行自动校准，应保持与卫星时标信号同步，卫星信号接收机正常工作时，该信号应作为母钟的时间基准。

8）主、备母钟内应有独立的高精度时钟发生器，当接收单元无信号时,母钟仍能以内部时间信号独立工作,同时还应有断电记忆功能,并向时钟监控系统发出告警信息或向控制中心值班室维护终端发出告警信号。

9）母钟宜通过通信接口如 RS232 或 RJ45 网口等,以数字传输方式向所辖的子钟提供标准时间信号校准子钟,同时接收子钟等回送的运行状态信息,当子钟或传输通道出现故障时,应能立即向时钟系统监控网管中心或维护终端发出告警。

10）母钟应可通过标准通信接口如 RS232 或 RJ45 网口等与中心监控管理计算机及智能化集成系统相连,实现对时钟系统主要设备的监控。

11）母钟宜通过循环自检或互检,在发现故障时立即实现主、备模块的自动切换或手动切换。

12）母钟应具有多种时码输出接口。

13）母钟应设计时钟源设备防攻击功能,确保系统安全性。

4　子钟及其布点深化设计应符合下列规定:

1）子钟宜通过网络接口连接母钟,对自身状态校准,并向所属母钟返回自身状态;

2）子钟显示时间的格式宜按不同建筑空间功能和实际需求选择不同格式和材质;数显钟应进行无反光处理,以保证显示效果;

3）所有子钟均应具有“12/24”进制计时显示格式,宜能通过监控系统有选择地进行部分或全部子钟显示格式的定时切换;

4）所有子钟宜具有掉电记忆功能,子钟没有母钟信号时,应能单独运行,自动切换授时时间,并向系统监控发出故障报警;

5）子钟的点位设计应结合实际需要,在各个功能空间合理设置,保证相关人员都能清晰地看到时钟,并掌握准确时间；

6）子钟分布点位应易于检查、维修，且位于一般人员不易
触及的地方。

5 时钟监控系统的设计应符合下列规定：

1）时钟监控系统总体设计宜包含自身与时钟源服务器的
时钟同步，并能以此为基准定时对网络时钟架构从上层
结构到下层结构逐级进行检测；

2）监控界面应直观，有良好的开放性和可扩充性，宜能实
现远程登录、管理、配置和维护，宜能实现时钟系统的远
程故障管理、性能管理、安全管理及状态管理；

3）系统应具有自复位能力，因干扰造成装置程序出错时，
能自动恢复正常工作；

4）检测周期设计应至少在每天正式使用前对实时信息系
统的时间与标准北京时间之间的偏差进行检测，同时检
测周期还应小于校正周期；

5）偏差超范围时，应发布故障报警，并在符合时钟校正机
制的情况下，按时钟校正方法处理；

6）当时钟系统出现故障时，监控终端应能够实时报警，在
监控终端主界面显示主故障内容和故障部位。

6 监控主机的管理功能应符合下列规定：

1）监控终端应能方便地进行配置管理，对添加增删和更改
的设备可按拓扑结构显示系统图；系统应记录每个设备
的型号、功能，并可根据设备功能对设备进行控制。

2）监控终端宜用各种视图方式实时显示各设备状态，并能
进行视图更换和更新，监控终端应能实时监测各主要设
备的运行状态及故障状态，应对故障状态及时间进行打
印和存储记录。

3）各子钟宜通过监控中心或红外遥控调整亮度，可实现对
子钟的关闭、打开和时间设置等功能，且对其他设备无

干扰。

    **4**）时钟系统监控管理软件应能够监测所需管理的子钟功能参数和其他应用系统的时间参数。

  **7**   与其他系统的授时接口和界面设计应符合下列规定：

    **1**）时钟系统应提供与智能化集成系统集成的接口和接口协议；

    **2**）应分别绘制时钟系统与智能建筑内其他接收授时的各个子系统的接口形式、具体位置和连接方式的接口界面；

    **3**）时钟系统与智能建筑其他子系统之间的授时通信接口宜采用 RS232、RS485 以及以 CANBUS 等通信协议的时间编码传输方式，应保证设备接口和软件的兼容性。

  **8**   系统的配置应符合下列规定：

    **1**）时钟系统硬件设计清单宜包括 GPS/北斗卫星信号接收单元、中心母钟、网络子钟、监控终端及传输网络等；

    **2**）智能建筑内子母钟系统宜设一个子母钟站，必要时可设母钟传送设备；

    **3**）子钟的配置应按本条子钟布点深化设计的点位和要求进行；

    **4**）智能建筑时间同步网络传输包括使用以太网或 TCP/IP、RS422/485 等为基础的同步网络、交换机、监控终端、无线授时服务器和软件等；

    **5**）智能建筑时钟系统的主要配置及构成设计应符合现行行业标准《基于 SDH 传送网的同步网技术要求》YD/T 1267 的规定；

    **6**）系统电源应采用集中供电方式，宜配置 UPS 不间断供电设备。

**8.12.2**  时钟系统设备安装应符合下列规定：

  **1**   系统安装应符合下列规定：

1）时钟接收系统、母钟或内置接收机的母钟、通信控制器及 NTP 时间服务器、接口中心等宜由机房设计统一考虑配置 UPS 电源和避雷接地系统；

2）时钟系统网络时间服务器和子钟设备的工作基准地应浮空，多点接地；

3）应符合系统设备电磁兼容的接地要求；

4）系统的机柜应采用标准网络机柜，机柜安装应符合本标准第 3.2.3 条的相关规定。

**2** 时标接收机和母钟的安装应符合下列规定：

1）母钟安装位置与授时天线距离不宜大于 300 m；

2）母钟系统的设备与其他设备的净距离不应小于 1 500 mm，应远离散热器、热力管等发热器具，并避免阳光直射和防止机械碰撞；

3）设备的防静电措施应符合设计要求。

**3** 子钟的安装应符合下列规定：

1）壁挂式子钟的安装高度宜为 2.3 m～2.7 m，吊挂式子钟的安装高度宜为 2.1 m～2.7 m；

2）双面时钟和部分单面钟的吊装在安装前，应于综合布线时预埋吊钩，电源线和信号线应配置到位；

3）双面时钟和部分单面钟的电源线和信号线缆应全部隐藏在吊杆内部，应根据安装区域的不同选用与背景氛围相协调的 LED 发光模块；

4）单面钟宜采用壁挂式安装方式，应根据安装区域的不同，选用与背景氛围相协调的 LED 发光模块。

**4** 监控管理系统软件安装应符合下列规定：

1）软件的版本和对应的操作系统平台应与设计方案相符，系统安装应完整；

2）附件及随机资料如软件技术手册等应齐全、完好；

3）应配置时钟系统监控管理软件所需的专用服务器，并安装好时钟系统管理软件所需的操作系统、数据库管理系统软件等；

4）应按照时钟系统管理监控软件的安装手册和随机文档要求，安装时钟系统管理应用软件；

5）应根据时钟系统的设计要求，初步设置软件的基本参数；

6）时钟系统服务器应避免在没有安全系统的保护下与互联网相连，以避免在连网时受到攻击。

5　天线安装应符合下列规定：

1）GPS 接收天线的安装应满足设备说明的正常工作环境要求，卫星天线与其他天线之间的距离宜大于 3 m。

2）天线、馈线安装及加固应稳定、牢固、可靠，并应符合工程设计要求，天线宜采用抱杆安装方式。

3）馈线的规格、型号、路由与接地方式应符合工程设计要求。

4）电缆线长度多出时不要盘起，应拉直，以免产生电磁场而导致信号衰减；电缆线敷设时不应受力压迫；天线电缆长度应根据天线增益严格设计，不得剪断、延长、缩短或加装接头。

5）时钟系统的卫星接收机天线馈线上的防雷与接地应符合本标准第 11.2.1 条的相关规定。

6）从室外至设备机房的卫星系统天馈线在楼内部分电井或槽道布放时，不得与电力电缆及空调线等混放，卫星系统天馈线暴露在楼顶部分应加电线管保护。

7）GPS 天线应在室外安装，高于平面 1.5 m 以上，周围无遮挡物；抗风力 12 级，抗拉拔力 400 kgf。

**8.12.3**　时钟系统调试应符合下列规定：

1　系统调试应符合下列规定：

1）应通过手动或自动设置的方法，逐个测试每个监控管理功能是否满足设计要求;调试母钟与时标信号接收器同步、母钟与子钟同步,并应达到全部时钟与卫星接收系统同步。

2）应手动触发调试双母钟系统的主备切换功能、自动恢复功能。

3）应对所有设备进行不间断的功能、性能连续试验,对软硬件故障进行修复或更换,应记录试验过程、修复措施与试验结果。

4）宜采用点对点调试逐个进行与其他系统接口的功能测试和联调测试。

5）宜人为制造子钟或母钟的通信故障及报警条件,检查系统监控终端的工作情况并进行报警功能测试,报警功能应正常。

6）母钟调试和校正时应重复试验3次,检查母钟和子钟显示的时间偏差,应符合设计要求。

7）子钟的调试和校正应借助秒表,目测检查子钟与母钟的时间显示偏差。结果应达到要求并填写调试报告。

8）应通过监控系统对子钟进行时间调整、追时、停止等功能测试,并应达到对全部时钟的网络连接控制。

**2** 时钟校正应按系统配置采用相应的校正方法进行,并做好校正记录。

**3** 对故障报警功能应从物理故障和监控操作及报警效果逐个进行调试和测试,并记录好调试过程、修复措施与试验结果。对时钟系统与其他网络子系统的通信、时间超差故障进行手动及系统偏差设置,报警应符合设计要求。

**8.12.4** 时钟系统检测应符合下列规定:

**1** 系统检测应符合下列规定:

1）时钟系统检测应包括卫星接收系统、母钟和子钟及时钟监控系统。

2）时钟系统检测应以系统授时校准功能和系统显示的准确性检测为主，其他功能为辅。

3）应检测时钟系统的设备型号、规格、质量等符合设计要求及相关产品标准的规定。对照设计文件检查出厂合格证等质量证明文件，并观察检查外观、形状及标志。

4）时钟设备系统安装质量检查应符合设计规范的要求。

5）卫星接收系统应检测其接收和发送标准时间信号的功能及自动恢复功能。

6）应检测母钟和子钟的授时校准功能、自动恢复功能及换历功能。

7）应检测母钟和子钟的平均瞬时日差、显示同步性及使用可靠性等，并应符合现行行业标准《时间同步系统》QB/T 4054 的相关规定。

8）应检测卫星接收系统、母钟和电源的主备用间的自动切换功能，并应符合设计要求。

9）应检测时钟监控系统的实时监控功能，并应符合设计要求。

10）应检测时钟系统的故障告警功能及日志存储和打印功能，并应符合设计要求。

**2** 系统的检测方法应符合现行行业标准《时间同步系统》QB/T 4054 及《智能建筑工程质量检测标准》JGJ/T 454 的相关要求。

**8.12.5** 时钟系统验收应符合下列规定：

**1** 验收应按照合同或有关标准的规定执行。

**2** 应使用频率计检测母钟和子钟的平均瞬时日差。使用示波器检测母钟的输出口同步偏差。

**3** 对系统的功能、可靠性、安全性及可维护性等应进行全面的鉴定验收，并按合同的要求进行判定。

**4** 在实时监控系统上查看系统运行状态，系统监控状态应与实际运行状态一致。

**5** 原始测试记录和试运行记录应完整、真实。

## 8.13 智能家居系统

**8.13.1** 智能家居系统设计应符合下列规定：

**1** 系统应由基础软硬件产品和控制模块、组网设备、家居智能控制终端、智能家居设备、智能家居集成平台，以及作为各类应用服务人机接口的软件产品组成。

**2** 智能家居集成平台应支持互联网协议以及浏览器功能，具有数据库功能，接收来自互联网和家居智能主机的消息和信息，通过家居智能控制主机实现对智能家居设备的自动管理，并能通过互联网远程访问智能家居网络、社区网及互联网应用，以Web服务的工作方式提供各类家用电器、安全防范设备等家居设备的配置、维护。

**3** 家居智能控制终端是智能家居系统的核心，用于控制智能家居设备的基本操作，并应具有数据存储及服务和多种协议转换的功能。

**4** 智能家居设备应具有网络通信、自描述发布、与其他节点进行交互操作等功能，具有家庭网络通信协议的网关通信接口，进行有线或无线方式的通信。应保障智能家居家庭网络的安全以及连接公众电信网络的安全，家庭内部组网不允许非法的智能家居终端接入和外部访问。

**5** 智能家居的控制宜具有智能照明、智能遮阳、智能供暖、新风与空调、智能家用电器控制等功能。安防告警功能除应符合本标准第7.2.1条的相关规定外，尚应符合现行国家标准《入侵和紧急报警系统技术要求》GB/T 32581及现行上海市地方标准《入侵报警系统应用基本技术要求》DB31/T 1086的规定。

**8.13.2** 智能家居系统施工安装应符合下列规定：

**1** 传感器的安装应符合本标准第 5.2.4 条的相关规定。

**2** 电磁阀水阀和气阀应安装在水平管子上,阀体上箭头的指向与水流和气流方向一致。

**3** 系统的智能控制面板与其他开关并列安装时,底边距地面高度应保持一致;与其他开关安装于同一室内时,高度允许偏差为±5 mm;智能控制面板外形尺寸与其他开关不一样时,以底边高度为准。

**4** 控制模块与智能家居控制箱之间应连接紧密、牢固。智能家居控制箱安装部位应符合建筑环境的布局,宜与配电箱一起就近安装,箱体安装的底边与配电箱的安装底边保持一致。

**8.13.3** 智能家居系统调试应符合下列规定:

**1** 系统的控制终端设备调试应符合下列规定:

1) 智能家居控制箱通电后,控制模块和主控器运行正常;

2) 按系统设计要求,控制模块以手动控制方式测试现场被监控设备,应能逐个响应监控信号;

3) 依照产品设备说明书,控制模块及主控器运行可靠性、抗干扰性、软件主要功能及其实时性、控制响应速度等功能应符合设计要求。

**2** 系统的配套设备调试应符合下列规定:

1) 传感器应进行通电与"校零"测试,同时调试电脑测试其信号,应正常,并符合设计与设备说明书的要求;

2) 电动调节阀通电后,调试电脑发出指令测试,执行机构应运转正常;

3) 调试电脑测试电动调节阀传输的信号,应正常;

4) 智能控制面板安装完毕后,调试电脑测试其开关信号,应正常。

**3** 系统的联动调试应符合下列规定:

1) 智能照明系统应具有本地、遥控、远程等多种控制方式,并能根据实际应用定制时间与场景,实现对居住空间灯

光的开/关及调光控制,功能调试满足设计控制要求;

2）智能遮阳系统应具有本地、遥控、远程等多种控制方式,并能根据周围自然条件的变化,实现对遮阳百叶的智能控制,功能调试满足设计控制要求;

3）智能供暖、新风与空调系统通过家居智能控制终端实现,功能调试满足设计控制要求;

4）环境检测系统通过家居智能控制终端实现,功能调试满足设计控制要求;

5）智能家用电器系统通过家居智能控制终端可对各类智能家用电器进行远程监视与遥控等多种方式控制,功能调试满足设计控制要求。

4　系统的软件调试应符合下列规定:

1）根据功能设计说明,通过编程软件对智能家居控制终端或智能网关的控制组态、场景组态、联动组态进行编程和设置,并通过智能网关与云端数据库对接;

2）通过移动终端的专用 App 注册用户名及账号,App 应自动与云端数据库对接,即专用 App 上软件的控制界面自动生成,无需另行编程。

8.13.4　智能家居系统检测应符合下列规定:

1　家居智能控制终端设备通过家居智能控制箱内控制模块对照明控制回路和场景进行测试,营造的照明氛围应符合设计要求。

2　家居智能控制终端设备通过家居智能控制箱内控制模块对电磁阀水阀和气阀的控制进行测试,启停的效果应符合设计要求。

3　家居智能控制终端设备通过家居智能控制箱内协议模块对智能供暖、新风与空调系统通信协议对接,对设备运行功能的响应应满足设计要求。

4　家居智能控制终端设备通过家居智能控制箱内协议模块

对环境检测系统通信协议对接,传感设备提供的信息的正确性应符合设计要求。

**5** 家居智能控制终端设备通过家居智能控制箱内协议模块对智能遮阳系统通信协议对接,遮阳设备受控的正确性应符合设计要求。

**6** 根据功能设计说明,通过云端后台管理软件对智能家居控制箱的运行及移动终端 App 远程操控的信号进行测试,功能检测应符合设计要求。

**8.13.5** 智能家居系统验收符合下列规定:

**1** 现场设备的观感与安装质量应符合设计与相关规范要求。

**2** 智能家居系统功能验收应根据该系统设计要求和监测方式逐项进行测试验收。

**3** 通过智能控制面板本地操控,智能家居系统的功能实现情况和运行情况正常。

**4** 运用移动终端 App,通过无线局域网本地遥控或无线广域网远程遥控,智能家居系统的功能实现情况和运行情况正常。

# 9 建筑智能化集成系统

## 9.1 一般规定

9.1.1 智能化集成系统设计、安装、调试、检测和验收的范围为硬件设备、软件产品、接口功能、集成功能、安全性等要素,其中重点应为系统接口功能、集成功能、安全性、信息共享以及子系统之间的联动功能等。

9.1.2 智能化集成系统应以计算机网络系统为基础、软件为核心,通过开放的平台将各个子系统的不同设备、各种信息及联动控制、报警维护等集成起来,实现智能化信息集成及管理与各应用子系统相结合的一个整体,通过各系统信息的交换和资源的共享,形成一个智能化网络集成平台,被集成的子系统应具备互操作性。

9.1.3 智能化集成系统应建立起完善的安全管理机制和合法性认证机制,配置相应的安全管控软硬件系统。

9.1.4 智能化集成系统宜采用 BIM 技术实现信息化与虚拟现实运营及维护管理。

9.1.5 智能化集成系统宜选择物联网、云平台系统架构。

## 9.2 智能化集成系统

9.2.1 智能化集成系统设计要素应符合下列规定:

　　**1** 智能化集成系统的安全性和可靠性设计应满足合同要求,包括软、硬件的可靠性,平台的防攻击等。

　　**2** 智能化集成系统设计应从建设方需求分析着手,并以得到建设方确认的需求为目标。

**3** 智能化集成系统设计及其实施所选用的方案、硬件和软件应符合标准或主流模式及架构,所用模块宜实现标准化及互换性操作。

**4** 智能化集成系统应是开放的、跨平台可移植的系统,应能够与其他系统或异构设备设施连接、更新功能与升级换代。

**9.2.2** 智能化集成系统硬件设计要素及功能设计应符合下列规定:

**1** 智能化集成系统功能需求可行性分析应符合下列规定:

1）智能化集成系统功能需求应定义明确,包括的范围应正确界定;

2）应有需求的可行性预判,以利于引导更优化且便于验证的设计;

3）需求分析应符合建筑工程实际需要,应综合考虑建筑功能类别、地域环境条件、业务应用需求、运营管理模式及建设投资控制等因素;

4）应根据需求分析形成设计任务书,指导后续设计工作;

5）应包括建筑物用途及其基本建筑参数、集成机房和各被集成系统或设备控制在建筑物中的物理位置、相关管理部门对集成的要求和基本的工作流程等;

6）产品选型宜优先满足物联网和智能化设备的需求。

**2** 硬件架构及功能深化设计应符合下列规定:

1）智能化集成系统工程硬件架构,应满足建筑智能化的应用功能。

2）综合体建筑应使用多类别建筑功能组合的物理形式及实施专业化运营的管理模式。

3）硬件设计应通过对子系统的集成,实现对建筑的设备信息标准化、平台化管理。

4）被集成的各智能子系统应提供标准的通信接口。网络基础设施应提供包括串行接口连接方式在内的多种网络通信接口形式,支持多厂商产品的接入。

5）智能化集成系统硬件应提供双机/多机热冗余,一旦运行主机出现问题,备用主机应在 2 s 内立即接管。

9.2.3 智能化集成系统软件设计要素及功能设计应符合下列规定:

**1** 智能化集成系统软件集成功能的需求分析应符合下列规定:

1）智能化集成系统软件架构和功能的需求分析应以符合合同和智能建筑设计要求为原则,同时应符合建筑功能需求、运营模式和相关规范;

2）智能化集成系统界面应能适用包括中文在内的多种文字或按合同要求配置适用语言;

3）智能化集成系统应建立起完善的安全管理机制和合法性认证机制,并构建建筑物业管理综合性的数据仓库和信息服务中心。

**2** 软件构架及功能深化设计应符合下列规定:

1）集成系统应采用服务器/客户机或浏览器/服务器的系统结构模式,以构成具有实时性、可靠性的平台,支持多用户登录、多客户端同时运行;

2）集成系统应具有独立的联动控制技术,应使用全图形化操作或便捷的人机交互工具,不得使用代码编制的方式;

3）集成系统应采用模块化的配置方式;

4）集成系统宜具有前后台分离技术,最大程度地保证系统的稳定性;

5）系统应建立在高速的局域网上,采用国际通用的网络传输协议 TCP/IP,从而使各种不同的系统均可在同一网络上实现信息的共享与集成;

6）智能化集成系统基本管理模块应包括安全权限管理、信息集成集中监视、报警及处理、数据统计、存储文件报表生成和控制管理等功能,包括监测、控制及数据分析以及查询功能和功能设置等。

3 智能化集成系统软件设计要素应符合下列规定:

  1) 应通过统一的软件平台管理各种设备、获取各类信息、联动各类报警;

  2) 智能化集成系统宜以简易操作的用户界面,为智能建筑提供中央管理、监控及各子系统间的联动能力;

  3) 智能化集成系统应用软件应实现不同业务子系统间相关信息的综合处理和共享,以满足建筑业务应用和综合管理的需要;

  4) 智能化集成系统宜使用"规约适配器技术",实现最大的设备无关性;

  5) 智能化集成系统应兼容多种通信方式,宜通过特定的系统交换层面,采用标准的通信协议,向下可无缝兼容建筑内不同的智能化子系统;

  6) 软件设计应采用模块化方法,实现子系统快速接入和功能模块的可扩展性,满足程序的通用性和扩展性;

  7) 软件设计应实现可视性特征,电子地图上应标出各设备的安装位置,并实现报警位置与电子地图的可视化动态关联,宜采用 BIM 技术显示可视化;

  8) 各子系统间应能协同工作,不同子系统间的不同功能应完全通过软件实现联动;

  9) 智能化集成系统宜具备智能建筑大数据分析及存储、人工智能相关的应用及功能;

  10) 软件层宜采用微内核设计,核心逻辑和 UI 层宜完全解耦;

  11) 智能化集成系统应提供灵活的用户权限管理。

**9.2.4** 智能化集成系统云平台设计应符合下列规定:

**1** 智能化集成系统云平台设计需求的调研和确认应符合下列规定：

　　1）智能化集成系统云设计的硬件基本需求和软件集成功能需求应满足本章的相关要求执行；

　　2）宜按云架构部署方案把可云端部署的系统和应用迁移到云平台服务层上，业务服务器宜采用虚拟机部署；

　　3）对部署分散、维护困难的子系统或智能设备宜优先采用云平台集成。

**2** 智能化集成系统云架构设计要素及功能设计应符合下列规定：

　　1）云平台应由云操作系统和相关应用软件，以及相关数据中心、机房等基础设施构成；

　　2）各子系统的设备如网关、感知探测设备、终端执行设备等宜通过 2G/3G/4G/5G、NB－IoT、Wi-Fi 等不同通信方式及各种通用接口与云平台对接后进行集成；

　　3）对不同的异构设备和系统，宜通过云端软件协议接口或设备内集成的协议接口与云平台集成；

　　4）管理应用和人工智能应用等宜能进行设备分组、在线调试、固件升级、远程配置、监控报警、控制及数据分析、智能管控、运营维护管理与更新升级等；

　　5）宜通过智能建筑集成系统云架构实现智慧建筑、智慧社区及智慧城市的智慧应用与服务。

**9.2.5** 智能化集成系统接口界面设计应符合下列规定：

**1** 与各相关集成子系统数据传送方式、接口协议的确认内容至少应包括接口协议、子系统或设备的参数、参数格式、函数调用关系和集成后达到的功能。

**2** 接口硬件的内容至少应包括接入硬件设备的型号、信号传输的线缆型号及线路走向与敷设方法。

**3** 接口软件界面应根据子系统所提供的接口协议，在进行软件接口的开发中阐明通信格式和函数调用关系等。

**9.2.6** 智能化集成系统的配置设计应符合下列规定：

**1** 应汇总集成结构图、接口列表和各子系统集成功能、集成特殊要求功能、接口及特殊要求说明表。

**2** 集成结构图应说明被集成子系统间的关系，子系统与集成系统的关系，数据传送的流向。

**3** 配置集成系统所需配备的硬件设计清单应包括下列内容：

　　1）对服务器和客户机数量，无特殊要求时应至少设1台兼作客户机的服务器，配备多串口转换卡，RS232 - RS485 转换卡等类型的转换接口设备，应包括接口方式、客户机串口数量以及实际工程中子系统服务器与集成系统接口计算机的距离；

　　2）应根据子系统服务器与集成系统接口计算机的物理位置及传输速率，确定所需通信线缆的长度和型号；

　　3）网络交换设备应根据网络系统设备配备情况而定。

**4** 应配置集成系统的平台软件所需的软件模块。

**9.2.7** 智能化集成系统硬件的安装应符合下列规定：

**1** 服务器、客户机的安装应符合产品说明书的技术要求和规定。

**2** 服务器的安装应按设计文档布局要求就位及上架。

**3** 供电电源宜采用稳压电源或不间断电源供电。

**9.2.8** 智能化集成系统软件的安装应符合下列规定：

**1** 平台软件的安装应符合下列规定：

　　1）服务器安装、测试和系统初始化应正常。数据库软件安装所需的资源（包括相对应的操作系统，足够的内存、硬盘空间及读入设备等的部署）应满足设计及合同要求；

　　2）操作系统和数据库的安装和测试应正常，运行性能应满足设计要求；

3）应设置或调整操作系统及数据库软件的初始参数,使之达到系统运行状态良好。

2 应用软件的安装应符合下列规定:

1）应用软件安装正常结束并设置或自定义应用软件的初始参数后,系统应能完成初始化过程;

2）创建应用软件的测试用户标识及口令、测试用户权限等系统安全机制,应用软件应能正常、可靠运行;

3）逐项检查主界面上的应用功能应能正常执行。

9.2.9 智能化集成系统各子系统模块调试应符合下列规定:

1 集成系统软件的预调试应已通过。

2 安装集成服务器和工作站软件调试应正常。

3 向集成服务器输入工程布点图和监控点数据。安装所有智能化子系统接口软件,应能调试连通。

4 检查数据采集情况,硬件接口由智能化子系统承包商在现场提供测试,接口应正常。

9.2.10 智能化集成系统与各子系统模块之间的联调应符合下列规定:

1 智能化集成系统联调应符合下列规定:

1）集成系统制作内容应包括接口通道的录入、监控点的录入、布点图的设计以及图元与监控点关联;

2）应安装调试各智能化子系统接口软件,检查数据采集情况,测试硬件接口,现场调试接口软件,结果应符合设计要求;

3）集成系统调试应按设计图纸及产品说明要求及相关规范要求,分别对各个子系统逐个逐项接通调试;

4）集成系统调试应在分调完成后进行联调,进行总控、分控的测试、报警联动和各子系统的协调动作,调试结果应符合设计要求。

2 智能化集成系统软件功能调试应按合同和深化设计要求

的功能内容逐个进行功能实现。

**9.2.11** 智能化集成系统与各子系统之间的检测应符合下列规定：

**1** 检测智能化集成系统与各子系统间的硬件连接、通信及专用网关接口等连接，应良好。

**2** 检测被集成子系统的运行状态数据、控制数据、报警信息数据、物业管理信息数据、试运行阶段相关历史数据、服务信息数据等实时数据的汇总，应正确无误。

**3** 集成系统的数据响应时间及准确率等参数检测结果应达到系统设计要求，在集成平台上检测被集成子系统的数据显示界面，应满足合同规定的图形化、表格化等设计要求。

**4** 检测时，系统运行状态不得低于设计运行负载20％的数据规模，检测应在服务器和客户端分别进行。

**5** 检测范围应达到100％，被检测项目合格率应达到100％。

**9.2.12** 智能化集成系统联动检测应符合下列规定：

**1** 检测在集成系统上被集成子系统运行的相关信息及报警信息，应满足设计要求；检测对被集成子系统的设备联动控制及对应急状态的联动控制等，应满足设计要求。

**2** 检测方法应采用在现场模拟各类报警状态信号，在集成系统观测的方式，并根据设计所要求的联动逻辑检测联动效果，联动检测应安全、准确、实时和无冲突。

**9.2.13** 智能化集成系统的验收应符合下列规定：

**1** 应提供试运行报告及用户签署的功能性验收资料。

**2** 在验收过程中抽检的各项集成功能均应达到设计及合同要求。

**3** 智能化集成系统过程技术文档应符合合同规定的要求。

# 10 机房工程

## 10.1 一般规定

**10.1.1** 本标准中的机房工程特指智能建筑工程中的机房,包括信息接入机房、信息网络机房、用户电话交换机房、有线电视机房、消防控制室、安防监控中心、应急响应中心、智能化设备间等。

**10.1.2** 机房工程一般由装饰装修、电气系统、空调系统、安全防范系统、综合布线系统、网络系统、防雷与接地系统、消防与安全系统、环境和设备监控系统等组成。

**10.1.3** 机房工程中的综合布线系统、网络系统、防雷与接地系统等子系统的设计、施工、调试和验收应符合本标准相关章节和现行国家有关标准的规定。

**10.1.4** 机房工程中的消防与安全系统等特殊专业子系统未包括在本标准中,其设计、施工、调试和验收应符合现行国家有关标准的规定。

## 10.2 机 房

**10.2.1** 机房工程的整体设计要素应包括设备布局、标高、装饰色调、配电、不间断电源、新风控制、排风控制、空调、温湿度控制、防静电以及防雷与接地等。

**10.2.2** 布局设计应满足系统正常运行和用户使用、管理等要求,机柜(箱)布置宜符合下列规定:

　　**1** 用于搬运设备的通道净宽不小于1.5 m。

　　**2** 面对面布置的机柜(箱)正面之间的距离不小于1.2 m。

**3** 背对背布置的机柜(箱)背面之间的距离不小于 0.8 m。

**4** 当需要在机柜(箱)侧面和后面维修测试时,机柜(箱)与机柜(箱)、机柜(箱)与墙之间的距离不小于 1.0 m。

**5** 应预留发展空间。

**6** 机房面积大于 100 $m^2$ 时,应设置不少于 2 个门,门应向隐蔽方向开启,能自动关闭,保证紧急情况下均能从机房内开启。

**10.2.3** 装饰装修设计应符合下列规定:

**1** 装修、装饰材料应以自然材质为主,选用气密性好、不起尘、易清洁的材料,做到简明、淡雅、柔和,并充分考虑环保因素,有利于工作人员的身体健康。

**2** 设备布局应符合环境各项技术指标,整体布局应满足设计和使用要求,各种设备应保持间距且有规则地排列,形成一定的纵深和平衡感。

**3** 当活动地板下的空间只作为电缆布线使用时,地板高度不宜小于 250 mm。活动地板下的地面和四壁装饰可采用水泥砂浆抹灰。

**4** 当活动地板下的空间既作为电缆布线,又作为空调静压箱时,地板高度不宜小于 500 mm。活动地板下的地面和四壁装饰应采用不起尘、不易积灰、易于清洁的材料。楼板或地面应采取保温、防潮措施。

**5** 地板线缆出口应配合计算机实际位置进行定位,出口应有线缆保护措施。

**10.2.4** 电气系统设计应符合下列规定:

**1** 对机房区域用电负荷进行等级划分,并确定不同等级的供电方式。

**2** 机房区域用电负荷核算应为电子信息设备及系统可扩展性预留备用容量。

**3** 电子信息设备宜由不间断电源系统供电,不间断电源系统应有手动和自动旁路装置。

**4** 应根据电子信息设备整体对不间断电源系统的需求及预留备用容量,确定不间断电源系统的配置。

**10.2.5** 空调系统设计应符合下列规定:

**1** 应根据机房的使用功能、气候条件、建筑条件、设备的发热量等参数进行空调系统设计,选型应符合运行可靠、经济适用、节能和环保的要求。

**2** 空调设计时宜考虑系统全天不间断运行,应考虑空调系统冷凝水处理措施。

**3** 空调系统的配置应根据机房热负荷计算值,结合机房内设备布局及气流组织设计进行。

**4** 空调的热湿负荷计算时应包括设备热负荷、照明设备热负荷、人体热负荷、围护结构的热负荷、新风热负荷及其他热负荷等。

**5** 空调系统的空气过滤器和加湿器应便于清洗和更换,设计时应为空调设备预留维修空间。

**6** 采用活动地板下送风时,地板的高度应根据送风量确定。

**10.2.6** 防雷与接地系统的设计应符合本标准及现行国家有关标准的规定。

**10.2.7** 环境和设备监控系统设计应符合下列规定:

**1** 环境和设备监控系统应对重要机电设备的运行状态、能耗进行监视、记录和报警。

**2** 机房专用空调设备、不间断电源系统等设备应自带监控系统,监控主要参数应纳入环境和设备监控系统,通信协议应满足环境和设备监控系统的要求。

**3** 环境监测设备的安装数量及安装位置应根据运行和控制要求确定,机房的环境温度、露点温度或相对湿度应以送风区域的测量参数为准。

**4** 环境和设备监控系统应具备显示、记录、控制、报警及趋势和能耗分析功能。

**10.2.8** 机房工程设计文件应符合下列规定：

**1** 工程设计任务书应包括机房工程概况、功能需求、技术需求等内容。

**2** 设计内容应包括系统功能设计、平面布局设计、装饰装修设计、电气设计、空调设计、防雷与接地设计及环境和设备监控系统设计等。

**10.2.9** 装饰装修施工应符合下列规定：

**1** 施工放样应按功能要求划分区域进行定位，对功能区域的几何尺寸进行精确放线，施工范围内应设置标准水平线，并完成地坪高差校对。

**2** 装饰装修施工宜按由上到下、由里到外的顺序进行。

**3** 在机房施工的各个阶段，机房施工范围内均应作防尘处理。

**4** 吊顶施工应符合下列规定：

    1）吊顶板和龙骨的材质、规格、安装间隙与连接方式应符合设计要求；

    2）预埋吊杆或预设钢板，应在吊顶施工前完成，未作防锈处理的金属吊、挂件应除锈，并应涂不少于 2 遍防锈漆；

    3）吊顶基层的平整度、垂直度应符合骨架安装的平整度、垂直度要求，防尘防潮施工应符合设计要求，基层不得起皮或龟裂；

    4）吊顶板应表面平整，边缘整齐，颜色一致，整体效果应符合设计要求，不得有变色、翘曲、缺损、裂缝、腐蚀等缺陷；

    5）吊顶板上敷设的防火、保温、吸音材料应符合设计要求，吸顶安装的设备、装置与吊顶板面应紧密搭接；

    6）吊顶与墙面、柱面、窗帘盒的交接应符合设计要求；

    7）吊顶主龙骨应按要求进行接地；

    8）对于不安装吊顶的楼板应按设计要求进行防尘和保温

处理。

**5** 隔墙施工应符合下列规定：

1）隔墙施工前应按照设计要求放线定位；

2）隔墙施工工艺均应符合设计要求；

3）隔墙主要材料质量应符合设计要求；

4）隔墙内填充的材料品种与规格应符合设计要求，并应填满、密实、均匀；

5）隔墙与其他墙体、柱体的连接缝隙应填充阻燃密封材料；

6）应按图纸要求预埋电气管路及安装墙面设备，电气管路在墙中敷设时，应避免切断横、竖向龙骨，确实需要切断的，应采取加强措施；

7）隔墙施工完成后，表面应平整，边缘整齐，不应有污垢、缺角、翘曲、起皮、裂纹、开胶、划痕、变色和明显色差等缺陷，相关安装及完成效果应符合设计及相关产品规格书的要求；

8）金属饰面板应按要求进行接地。

**6** 地面施工应符合下列规定：

1）地面施工宜在隐蔽工程、吊顶工程、隔墙工程等工作完成后进行；

2）地面施工应按照设计要求执行，铺设的防潮保温层应均匀、平整、牢固、无缝隙；

3）饰面砖、石材、地毯等面层材料的铺设应符合设计及相关产品规格书的要求。

**7** 防静电活动地板施工应符合下列规定：

1）防静电活动地板的敷设应在其他室内装修施工及设备基座安装完成后进行。

2）防静电活动地板敷设前，应按设计标高及位置准确放线。沿墙单块地板的最小宽度不宜小于整块地板边长的 1/4。

  **3**) 防静电活动地板铺设时应随时调整水平,遇到障碍物或
   不规则墙面、柱面时应按实际尺寸切割,相应位置应增
   加支撑部件。

  **4**) 防静电活动地板切割后,切割面应光滑、无毛刺,设备进
   出线孔位置宜作收边装饰、保护处理。

  **5**) 在安装防静电活动地板过程中,应做好装饰面和边角的
   保护,并应保持装饰面的清洁。

  **6**) 防静电活动地板支撑脚宜采用粘接剂将支撑杆的底座
   和地面进行固定,并应按设计要求进行防静电接地
   处理。

  **7**) 防静电活动地板安装完成后,宜在墙面和地板接缝位置
   加装装饰踢脚线。

  **8**) 在其他工序施工或工种作业时,应加强控制防静电活动
   底板的拆装次数,并做好拆装过程中的保护工作。

**10.2.10** 电气系统施工应符合下列规定:

  **1** 金属电管、金属线槽、电缆敷设及端接等施工应符合本标
准及现行国家相关标准和规范的规定。

  **2** 照明灯具、插座、配电箱(柜)的安装应符合设计要求及现
行国家有关标准的规定。

  **3** 插座的安装高度及位置应符合设计的规定,接线应正确、
牢固,不间断电源插座宜与其他电源插座有明显的形状或颜色
区别。

  **4** 灯具安装位置应符合设计要求,成排安装时应整齐、
美观。

  **5** 电气装置之间应连接正确,在检查接线正确无误后应进
行通电试验。

  **6** 不间断电源系统施工应符合下列规定:

  **1**) 主机及电池安装应符合设计及相关产品技术文件要求,

蓄电池安装宜采用加装散力架或特定支架方式；

2）蓄电池组重量超过楼板载荷时,应按设计要求对楼板采取加固措施；

3）不间断电源系统选用的线缆线径、接地安装工艺应符合设计要求；

4）不间断电源主机、电池架及箱（柜）之间的连接走线应通过走线槽,交流和直流走线不得交叉。

**10.2.11** 空调系统施工应符合下列规定：

**1** 空调系统内的整体安装,除应符合设计要求外,尚应做好防漏措施。

**2** 空调系统设备安装应符合下列规定：

1）空调系统设备安装前,完成空调设备基座的制作与安装；

2）空调系统设备安装时,在机组与基座之间应采取隔震措施,固定牢靠；

3）空调系统设备的安装位置应符合设计要求,还应满足冷却风循环空间要求；

4）专用空调组安装采用下送风时,送风口与底座、地板或隔墙接缝处应采取密封措施；

5）专用空调机组与冷却水管道连接处,应采取防漏和防结露措施；

6）组合式空调机组、设备与风管的连接处宜采取柔性连接,并应采取加固和保温措施。

**3** 空调系统风管施工应符合下列规定：

1）镀锌钢板制作风管应满足设计要求,表面应平整,不应有氧化、腐蚀等现象；

2）对于用角钢法兰连接的风管,其与法兰的连接应严密,法兰密封垫应选用不透气、不起尘、具有一定弹性的材料；

3）风管支、吊架在安装前应作防腐处理,其明装部分应涂2遍防锈漆;

4）防火阀、风口、过滤器、消声器应按设计位置安装,并应安装可靠,过滤器应便于更换;

5）新风口应安装过滤网、防护罩,排风口应安装防护罩;

6）风管的保温应满足设计要求,并应在风管安装工序验收合格后完成。

**10.2.12** 防雷接地系统的施工应符合本标准及现行国家有关标准的规定。

**10.2.13** 环境和设备监控系统施工应符合下列规定:

**1** 安装位置应留有足够的操作和维修空间。

**2** 信号传输设备和信号收发设备之间的距离应符合设计要求。

**3** 空调设备下方及有漏水风险的区域宜布置漏水感应电缆,对漏水情况进行实时监测,强制排水设备的运行状态应纳入监控系统。

**4** 机房内宜设置温湿度传感器,其取样点不宜少于2个。

**5** 监控系统软件上应能准确反映被测对象监控数据的位置。

**10.2.14** 电气系统的调试应符合下列规定:

**1** 系统检查前应先切断配电箱(柜)输入电源,断开空气开关,母线接头接触应良好,主回路电器及控制电器规格应符合设计要求,母排导线应良好,绝缘体应完好,电气接地应完好。

**2** 应在确认系统安装连接无误后进入系统通电测试,针对各供电回路的电压、电流等参数进行检测。

**3** 应检查不间断电源系统设备的电气回路有无故障,以及电路绝缘效果、设备运行情况,测定设备运行的相关参数、设备基础连接情况等。

**4** 系统性能调试的主要内容应包括掉电试验、旁路运行试验、不间断电源系统维护试验、不间断电源系统电池放电效能测试、软件调试以及不间断电源系统的远程管理试验等。

**10.2.15** 空调系统调试应符合下列规定：

　　**1** 应检查设备、电气回路有无故障，以及电气回路绝缘效果、设备运行情况，测定设备运行的相关参数、设备基础连接情况等。

　　**2** 无生产负荷系统的调试内容应包括空调设备的风量、风压、转速，系统与风口的风量测定、调整，空调设备的噪声，制冷系统运行的压力、温度、流量等技术参数。

　　**3** 带生产负荷的综合效能测定的内容应包括送回风口空气状态参数的测定与调整、空调机组的性能参数调试、室内噪声的测定、室内空气温湿度测定、气流速度的测定、静压的测试、空调机组功能调试和气流组织测定等项目。

**10.2.16** 环境和设备监控系统调试应符合下列规定：

　　**1** 应检测各前端采集设备与主系统通信状态，并核实采集数据的有效性。

　　**2** 应对系统采集显示的数据与实际测定的数据进行比较，并对远程管理功能进行测试。

**10.2.17** 机房工程系统检测前，应检查工程的引入电源质量的检测记录。

**10.2.18** 机房工程检测应达到下列规定：

　　**1** 检测前应对整个机房和空调系统进行清洁处理，空调系统运行宜不少于 48 h。

　　**2** 检测应在无生产负荷的前提下进行。

　　**3** 测试应在机房设备正常运行 1 h 以后进行。

　　**4** 机房区域的平均照度应不低于 200 lx。

　　**5** 系统停机时在机房中心处进行噪声测试，在主要操作员的位置上距地面 1.2 m～1.5 m 处进行噪声测试，测试的稳定值即为该房间的噪声值。

**6** 应在计算机专用配电箱(柜)的输出端测量电压、频率和波形畸变率。

**7** 风量测试内容应包括机房总送风量、总回风量、新风量，其指标应符合现行国家标准《通风与空调工程施工质量验收规范》GB 50243 及设计文件的要求。

**8** 正压测试时应关闭室内所有门窗，补偿式微压计的接口不应迎着气流方向，测试点位置应在室内气流扰动较小的地方。

**9** 防静电地板测试应随机抽检 10％的自然间，10 间以下应全部检查，或不少于板层地板数量的 10％。

**10** 不间断电源系统测试应符合下列规定：

   **1）**不间断电源的极性应正确，输入输出各级保护系统的动作和输出的电压稳定性、波形畸变系数及频率、相位静态开关的动作等各项技术性能指标应符合产品技术文件要求；

   **2）**连线装置的线对线、线对地的绝缘电阻值应大于 0.5 MΩ；

   **3）**输出端的中性线应与由接地装置直接引来的接地干线相连接。

**11** 环境和设备监控系统检测应符合下列规定：

   **1）**环境监控系统所显示的温湿度数据与机房内实测数据进行比较，误差在设计允许范围内；

   **2）**检测被监控设备采集参数的正确性；

   **3）**检测控制的稳定性、控制效果以及响应时间；

   **4）**检测设备联动控制和故障报警的正确性；

   **5）**检测漏水报警的准确性。

**10.2.19** 机房工程验收应符合下列规定：

**1** 整体验收前，机房工程各子系统应单独验收合格。

**2** 验收小组应对机房工程各子系统主要使用功能进行抽查且应抽查合格。

**3** 验收小组对机房整体观感质量验收应合格。

# 11 建筑防雷与接地

## 11.1 一般规定

**11.1.1** 智能建筑工程防雷与接地应采取防直接雷、防雷击电磁脉冲、防雷电感应和防雷电波侵入的措施。

**11.1.2** 智能建筑工程防雷与接地除应符合本章规定外，尚应符合现行国家标准《建筑物电子信息系统防雷技术规范》GB 50343 的相关规定。

## 11.2 防雷与接地

**11.2.1** 防雷与接地设计应符合下列规定：

1 线缆敷设的防雷设计应符合下列规定：

　　1）由室外设备引入室内的同轴电缆、视频信号线、信号线、通信线及电源线应配置相应的浪涌保护器；

　　2）从室外引入室内的光缆应将光缆的金属铠装层、加强芯作可靠接地。

2 安全技术防范系统、建筑设备监控系统等防雷接地设计应符合下列规定：

　　1）不在直接雷保护范围内的室外摄像机等室外电子类设备，其防雷系统应按设计文件或合同约定的形式进行安装。设计文件或合同未作规定的，宜由设计、施工、监理和建设方共同确认避雷系统的形式和具体实施意见。

　　2）安全技术防范系统、建筑设备监控系统等在信号传输线由室外进入机房时应配置信号浪涌保护器，在进入用户端的信号传输线路上宜配置信号浪涌保护器。

**3** 卫星电视系统、有线电视系统的防雷设计应符合下列规定：

    **1）** 天线位于非直击雷保护区时，应增设独立避雷针，避雷针保护范围应由设计单位确定，增设的避雷针应由原设计单位签字确认；

    **2）** 卫星电视系统、有线电视系统等系统接入的同轴电缆应配置同轴电缆浪涌保护器。

**4** 机房工程的防雷与接地设计应符合下列规定：

    **1）** 机房接地宜采用联合接地体共同接地，采用联合接地体时，接地电阻应小于 1 Ω。

    **2）** 机房内应设置从联合接地体引出的等电位连接板，构成等电位连接网络。机房内电气和电子设备的金属外壳、机柜（箱）、金属管（槽）、屏蔽线缆外层、信息设备防静电接地、安全保护接地与浪涌保护器接地端等均应以最短的距离与等电位连接网络连接。

    **3）** 机房、控制室内的电缆屏蔽层、金属线槽应作等电位连接。

    **4）** 室外天馈线或其他各种通信电缆采用双层金属防护层时，其外层金属防护层应在楼顶部及进入机房入口处的外侧就近接地。当采用单层屏蔽电缆或无屏蔽线缆时，应穿金属管或金属线槽引入建筑物内，金属管（槽）的两端就近接地。

**5** 浪涌保护器的设计选型应符合下列规定：

    **1）** 应根据交流/直流电源线路相应的雷电防护等级和被保护设备的耐冲击过电压等参数选择适用的交流/直流电源浪涌保护器；

    **2）** 应根据信号、控制线路、供电线路的传输介质、工作频率、工作电压、接口形式及特性阻抗等参数，选择适用的信号浪涌保护器。

**11.2.2** 防雷与接地深化设计的文档应包括防雷与接地设计方案说明、施工设计说明、施工图和主要设备材料明细表。

**11.2.3** 接地装置的安装应符合下列规定：

　　**1** 人工接地体宜在建筑物四周散水坡外大于 1 m 处埋设，在土壤中的埋设深度不应小于 0.5 m。水平接地体应挖沟埋设，钢质垂直接地体宜直接打入地沟内，其间距不宜小于其长度的 2 倍并均匀布置。铜质材料、石墨或其他非金属导电材料接地体宜挖坑埋设或参照生产厂家的安装要求埋设。

　　**2** 垂直接地体坑内、水平接地体沟内宜用低电阻率土壤回填并分层夯实。

　　**3** 接地装置宜采用热镀锌钢质材料。

　　**4** 钢质接地体应采用焊接连接，扁钢与扁钢搭接长度应不小于扁钢宽度的 2 倍，且应不少于 3 面施焊。圆钢与扁钢搭接长度应不小于圆钢直径的 6 倍，双面施焊。扁钢和圆钢与钢管、角钢相互焊接时，除应在接触部位双面施焊外，还应增加圆钢搭接件。圆钢搭接件在水平、垂直方向的焊接长度各为圆钢直径的 6 倍，双面施焊。

　　**5** 焊接部位应除去焊渣后作防腐处理。

　　**6** 铜质接地装置应采用焊接或热熔焊，钢质和铜质接地装置之间的连接应采用热熔焊，连接部位应作防腐处理。

　　**7** 接地装置连接应可靠，连接处不应松动、脱焊、接触不良。

　　**8** 接地装置施工结束后，接地电阻值应符合设计要求，隐蔽工程部分应有随工检查验收合格的文字记录档案。

**11.2.4** 接地线的安装应符合下列规定：

　　**1** 接地装置应在不同位置至少引出 2 根连接导体与室内总等电位接地端子板相连接。接地引出线与接地装置连接处应焊接或热熔焊。连接点应有防腐措施。

　　**2** 接地装置与室内总等电位接地端子板的连接导体截面积，铜质接地线不应小于 50 mm²，当采用扁铜时，厚度不应小于

2 mm;钢质接地线不应小于 100 mm²,当采用扁钢时,厚度不小于 4 mm。

**3** 等电位接地端子板之间应采用截面积符合表 11.2.4 要求的多股铜芯导线连接,等电位接地端子板与连接导线之间宜采用螺栓连接或压接。当有抗电磁干扰要求时,连接导线宜穿钢管敷设。

表 11.2.4 各类等电位连接导体最小截面积

| 名称 | 材料 | 最小截面积（mm²） |
|---|---|---|
| 垂直接地干线 | 多股铜芯导线或铜带 | 50 |
| 楼层端子板与机房局部端子板之间的连接导体 | 多股铜芯导线或铜带 | 25 |
| 机房局部端子板之间的连接导体 | 多股铜芯导线 | 16 |
| 设备与机房等电位连接网络之间的连接导体 | 多股铜芯导线 | 6 |
| 机房网络 | 铜箔或多股铜芯导体 | 25 |

**4** 接地线采用螺栓连接时,应连接可靠,连接处应有防松动和防腐蚀措施。接地线穿过有机械应力的地方时,应采取防机械损伤措施。

**5** 接地线与金属管道等自然接地体的连接应根据其工艺特点,采用可靠的电气连接方法。

**11.2.5** 等电位接地端子板、连接带应符合下列规定:

**1** 钢筋混凝土建筑物宜在信息系统机房内预埋与房屋内墙结构柱主钢筋相连的等电位接地端子板,并宜符合下列规定:

1）机房采用 S 型等电位连接时,宜使用不小于 25 mm× 3 mm 的铜排作为单点连接的等电位接地基准点;

2）机房采用 M 型等电位连接时,宜使用截面积不小于 25 mm² 的铜箔或多股铜芯导体在防静电活动地板下做成等电位接地网格;

3）等电位连接的结构形式应采用 S 型、M 型或它们的组合,见图 11.2.5。

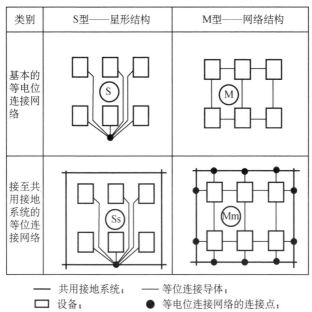

| 类别 | S型——星形结构 | M型——网络结构 |
|------|------------|------------|
| 基本的等电位连接网络 | | |
| 接至共用接地系统的等位连接网络 | | |

—— 共用接地系统; —— 等位连接导体;
□ 设备; ● 等电位连接网络的连接点;
ERP 接地基准点; Ss 单点等电位连接的星形结构;
Mm 网状等电位连接的网形结构

**图 11.2.5 电子信息系统等电位连接网络的基本方法**

**2** 信息网络机房宜采用截面积不小于 50 mm² 的铜带安装局部等电位连接带,并采用截面积不小于 25 mm² 的绝缘铜芯导线穿管与环形接地装置相连。

**3** 等电位连接网络的连接宜采用焊接、熔接或压接。连接导体与等电位接地端子板之间应采用螺栓连接,连接处应进行热搪锡处理。

**4** 等电位连接导线应采用具有黄绿相间色标的铜质绝缘导线。

**11.2.6** 电源浪涌保护器安装应符合下列规定:

**1** 电源线路的各级浪涌保护器应分别安装在线路进入建筑

物的入口,防雷区的界面和靠近被保护区设备处,各级浪涌保护器连接导线应短直,其长度不宜超过 0.5 m,并固定牢靠。

**2** 浪涌保护器各接线端应在本级开关、熔断器的下桩头分别与配电内线路的同名端相连接,浪涌保护器接地端应以最短距离与所处防雷区的等电位端子板连接,配电箱的保护接地线应与等电位接地端子板直接相连。

**3** 带有接线端子的电源线路浪涌保护器应采用压接,带有接线柱的浪涌保护器宜采用接线端子与接线柱连接。

**4** 电源浪涌保护器安装位置、型号、通流量、低压线路敷设方式、低压线路保护级数、接地要求和材料规格应符合现行国家标准、规范和设计要求。

**5** 电源浪涌保护器接线应牢靠、美观、标识清晰。安装电源浪涌保护器应在总等电位接地体、楼层等电位接地体等接地系统连接牢靠并测试合格后进行。

**11.2.7** 信号线路浪涌保护器的安装应符合下列规定:

**1** 信号线路浪涌保护器应连接在被保护设备的信号端口上。宜安装在机柜(箱)内或固定在设备机架或附近的支撑物上。

**2** 信号线路浪涌保护器接地端宜采用截面积不小于 1.5 mm$^2$ 的铜芯导线与设备机房等电位网络连接,接地线应尽可能短。

**3** 信号线路浪涌保护器安装位置、型号、敷设方式、接地要求和材料规格应符合国家标准、规范和设计要求。

**4** 信号线路浪涌保护器接线应牢靠、美观、标识清晰。

**11.2.8** 机房的防雷与接地应符合下列规定:

**1** 接地体引入机房的地线,铜质接地线不应小于 50 mm$^2$,钢质接地线不应小于 80 mm$^2$。

**2** 扁钢与扁钢连接应至少 3 面满焊,焊接处外涂沥青,扁钢与扁钢、铜排与铜排在支架上宜用螺栓连接,铜排与铜皮宜用焊接或铜铆钉铆接。

**3** 截面积在 10 mm$^2$ 以下的单股电力电缆端头用接头圈连接,接头圈可略压成扁平,打圈方向应与紧固螺帽的方向一致。截面积在 10 mm$^2$ 以上的多股电力电缆端头应使用线鼻子连接。

**4** 机房应利用建筑物的基础地网作为接地体,预留接地端较远时,可从建筑物柱体主钢筋引出接地端子。

**5** 通信系统设备接地应符合下列规定:

    **1**）总配线架宜设置在大楼底层的进线室附近,总配线架接地引入线应从地网的两个方向就近分别引入,或应从建筑物预留的接地端子及底层接地总汇集环引入,接到总配线架汇流排上;

    **2**）当不同通信系统设备间因接地方式引起干扰时,可分别设置独立汇流排,再连接到总汇流排接地端;

    **3**）严禁使用中性线作为交流接地保护线。

**6** 传输接口的保护应符合下列规定:

    **1**）通信设备主机和传输设备保护措施应采用就近等电位连接和加强线路的电磁屏蔽;

    **2**）对于从室外引入的各类信号电缆应在配线架的相应端口安装浪涌保护器;

    **3**）相应安装机架的接头、插座应可靠接地。

**11.2.9** 其他子系统的防雷与接地应符合下列规定:

**1** 采用光缆传输时,光缆的金属接头、金属挡潮层及金属加强芯等均应在入户处直接接地,可不加设信号浪涌保护器。

**2** 采用同轴电缆传输视频信号的,应在与设备的端口之间设置信号浪涌保护器。摄像机端信号浪涌保护器的接地可连接到云台金属外壳的保护接地线上,再由其连接到接地网上。

**3** 双绞线宜采用带金属屏蔽层线缆或穿金属埋地管敷设,屏蔽层和金属埋地管两端应可靠接地,并且在进出建筑物的防雷分界处安装适配的信号浪涌保护器。

**11.2.10** 智能建筑的防雷与接地系统检测前,应检查建筑外防雷工程的质量验收记录。

**11.2.11** 接地电阻测试应符合下列规定：

**1** 测试方法：测试前必须将设备电源的接地引线断开。

**2** 测试指标：共用接地≤1 Ω。

**11.2.12** 防雷与接地验收应符合下列规定：

**1** 接地装置验收应包括下列项目：

    **1）** 接地装置结构和安装位置；

    **2）** 接地体的埋设间距、深度、安装方法；

    **3）** 接地装置的接地电阻；

    **4）** 接地装置的材料、连接方法、防腐处理。

**2** 接地线验收应包括下列项目：

    **1）** 接地装置与总等电位接地端子板连接导体规格和连接方法；

    **2）** 接地干线的规格、敷设方式、与楼层等电位接地端子板的连接方法；

    **3）** 楼层等电位接地端子板与机房局部等电位接地端子板连线的规格、敷设方式、连接方法；

    **4）** 接地线与接地体、金属管道之间的连接方法；

    **5）** 接地线在穿越墙体、伸缩缝、楼板和地坪时加装的保护管是否满足设计要求。

**3** 等电位接地端子板、等电位连接带验收应包括下列项目：

    **1）** 等电位接地端子板、等电位连接带的安装位置、材料规格和连接方法；

    **2）** 等电位连接网络的安装位置、材料规格和连接方法；

    **3）** 信息系统的外露导电物体、各种线路、金属管道以及信息设备等电位连接的材料规格和连接方法。

**4** 浪涌保护器验收应包括下列项目：

    **1）** 浪涌保护器的安装位置、连接方法和工作状态指示；

    **2）** 浪涌保护器连接导线的长度、截面积；

**3**）电源线路各级浪涌保护器的参数选择及能量配合。

**11.2.13** 接地装置施工验收记录表详见附录第 C.0.4 条。

**11.2.14** 接地电阻测试验收表详见附录第 C.0.5 条。

# 附录 A 智能建筑工程施工(检查)记录表

表 A _____ 系统施工记录表

| | 智能建筑工程施工检查记录 | | 单位(子单位)工程 | |
|---|---|---|---|---|
| 系统工程 | | | 安装部位 | |
| 序号 | | 检查项目及检查情况记录 | | |
| 1 | 检查依据 | 《智能建筑工程技术标准》 | | |
| 2 | 检查内容 | | | |

施工技术员: 施工班组长:

年 月 日 年 月 日

# 附录 B 智能建筑工程调试、检测记录表

表 B.0.1 _____ 系统调试记录表

| 单位(子单位)工程名称 | | 子分部工程 | |
|---|---|---|---|
| 分项工程名称 | | 调试部位 | |
| 施工单位 | | 项目经理 | |
| 施工执行标准及编号 | | | |
| 分包单位 | | 分包项目经理 | |
| | 调试项目 | 调试记录 | 备注 |
| 1 | | | |
| 2 | | | |
| 3 | | | |
| 4 | | | |
| 5 | | | |
| 6 | | | |
| 7 | | | |
| 8 | | | |
| 9 | | | |
| 10 | | | |
| 11 | | | |
| 12 | | | |
| 13 | | | |
| 14 | | | |
| 15 | | | |
| 16 | | | |
| 17 | | | |
| 18 | | | |
| 调试检测意见：<br><br>施工单位项目技术工程师签字：<br><br>日期： | | | |

表 B.0.2 _____ 系统检验检测记录

| 工程名称 | | | | | | |
|---|---|---|---|---|---|---|
| 系统名称 | | | 检测部位 | | | |
| 执行标准名称及编号 | | | | | | |

| 检测内容 | | 规范条款 | 检测结果记录 | 结果评价 | | 备注 |
|---|---|---|---|---|---|---|
| | | | | 合格 | 不合格 | |
| 检测项目 | 1 | | | | | |
| | 2 | | | | | |
| | 3 | | | | | |
| | 4 | | | | | |
| | 5 | | | | | |
| | 6 | | | | | |
| | 7 | | | | | |
| | 8 | | | | | |
| | 9 | | | | | |
| | 10 | | | | | |
| | 11 | | | | | |
| | 12 | | | | | |

| 监理(建设)单位 | 施 工 单 位 |
|---|---|
| 专业监理工程师：<br><br><br><br><br>年 月 日 | 施工技术员：<br>年 月 日<br><br>质量检查员：<br>年 月 日<br><br>施工班(组)长：<br>年 月 日 |

注:在"结果评价"栏,按实际情况在相应空格内打"√"(左列打"√"为合格,右列打"√"为不合格)。

# 附录 C 智能建筑工程验收(功能验收)记录表

表 C.0.1 _____系统隐蔽工程(随工检查)验收表

系统(工程)名称: 　　　　　　　　　　　　　　　　　　编号:

| 建设单位 | 施工单位 | 监理单位 |
|---|---|---|
|  |  |  |

| 隐蔽工程(随工检查)内容与检查 | 检查内容 | 检查结果 | | |
|---|---|---|---|---|
| | | 安装质量 | 楼层(部位) | 图号 |
| | | | | |
| | | | | |
| | | | | |

验收意见:

| 建设单位/总包单位 | 施工单位 | 监理单位 |
|---|---|---|
| 验收人: | 验收人: | 验收人: |
| 日期: | 日期: | 日期: |
| 盖章: | 盖章: | 盖章: |

注:
1. 检查内容包括:1)管道排列、走向、弯曲处理、固定方式;2)管道连接、管道搭铁、接地;3)管口安放护圈标识;4)接线盒及桥架加盖;5)线缆对管道及线间绝缘电阻;6)线缆接头处理等。
2. 检查结果的安装质量栏内,按检查内容序号,合格的打"√",不合格的打"×",并注明对应的楼层(部位)、图号。
3. 综合安装质量的检查结果,在验收意见栏内填写验收意见并简要说明情况。

表C.0.2 _____ 系统调试验收记录

| 单位(子单位)工程名称 | | 系统名称 | 智能建筑/_____系统 | |
|---|---|---|---|---|
| 施工单位 | | 项目负责人 | | 检验部位 |
| 施工依据 | | 验收依据 | 《智能建筑工程技术标准》 | |
| 验收项目 | | 设计要求及规范规定 | 最小/实际抽样数量 | 调试记录 | 调试结果 |
| 1 | | | | | |
| 2 | | | | | |
| 3 | | | | | |
| 4 | | | | | |
| 5 | | | | | |
| 6 | | | | | |
| 7 | | | | | |
| 8 | | | | | |
| 9 | | | | | |
| 10 | | | | | |
| 11 | | | | | |
| 施工单位检查结果 | 项目质量负责人：<br><br>年 月 日 | | 施工员：<br>质量员：<br><br>年 月 日 | | |
| 监理单位验收结论 | 专业监理工程师：<br>年 月 日 | | | | |

— 132 —

表 C.0.3 _____ 系统功能验收记录

| 工程名称 | | | |
|---|---|---|---|
| 系统(子系统)名称 | | 验收部位 | |
| 施工单位 | | 项目经理 | |
| 验收项目 | | 验收记录 | 备注 |
| 1 | | | |
| 2 | | | |
| 3 | | | |
| 4 | | | |
| 5 | | | |
| 6 | | | |
| 7 | | | |
| 8 | | | |
| 9 | | | |
| 10 | | | |
| 11 | | | |
| 验收意见 | | | 日期: |
| 参加验收人员 | 建设/总包单位 | 施工单位 | 监理单位 |
| | 负责人: | 负责人: | 负责人: |
| | 签章:<br>日期: | 签章:<br>日期: | 签章:<br>日期: |

## 表C.0.4 接地装置施工验收记录表

| 工程名称 | | | |
|---|---|---|---|
| 系统(子系统)名称 | 防雷与接地 | 验收部位 | |
| 施工单位 | | 项目经理 | |
| 接地类型 | | 组数 | 设计要求 | |

接地装置平面示意图(绘制比例要适当,注明各组别编号及有关尺寸)

接地装置敷设情况检查表(尺寸单位:mm)

| 沟槽尺寸 | | 土质情况 | |
|---|---|---|---|
| 接地规格 | | 打进深度 | |
| 接地体规格 | | 焊接情况 | |
| 防腐处理 | | 接地电阻 | |
| 检验结论 | | 检验日期 | |

| 验收意见 | |
|---|---|
| | 日期： |

| 参加验收人员 | 建设/总包单位 | 施工单位 | 监理单位 |
|---|---|---|---|
| | 负责人： | 负责人： | 负责人： |
| | 签章：<br>日期： | 签章：<br>日期： | 签章：<br>日期： |

## 表 C.0.5 接地电阻测试验收表

| 工程名称 | | | | | |
|---|---|---|---|---|---|
| 系统(子系统)名称 | | 防雷与接地 | | 验收部位 | |
| 施工单位 | | | | 项目经理 | |
| 仪表型号 | | 天气情况 | | 气温 | |
| 验收项目 | | 验收记录 | | | 备注 |
| 接地类型 | | □防雷接地　　□机房接地<br><br>□工作接地　　□保护接地<br><br>□防静电接地　□逻辑接地<br><br>□重复接地　　□综合接地<br><br>其他接地_____ | | | |
| 设计要求 | | □≤10 Ω　　　□≤4 Ω<br>□≤1 Ω　　　　□≤0.1 Ω<br>□≤_____Ω | | | |
| 验收意见 | | | | 日期： | |
| 参加验收人员 | | 建设/总包单位 | 施工单位 | 监理单位 | |
| | | 负责人：<br><br><br><br>签章：<br>日期： | 负责人：<br><br><br><br>签章：<br>日期： | 负责人：<br><br><br><br>签章：<br>日期： | |

# 本标准用词说明

1 本标准各项条文对要求严格程度不同的用词说明如下：
  1）表示严格，在正常情况下均应该这样做的用词：
    正面词采用"应"；
    反面词采用"不应"或"不得"。
  2）表示允许稍有选择，在条件许可时首先应这样做的用词：
    正面词采用"宜"；
    反面词采用"不宜"。
  3）表示有选择，在一定条件下可以这样做的用词：
    正面词采用"可"；
    反面词采用"不可"。
2 条文中指定应按其他有关标准执行时，写法为"应符合……的规定"或"应按……执行"。非必须按所指定的标准执行时，写法为"可参照……执行"。

# 引用标准名录

1 《电磁环境控制限值》GB 8702
2 《入侵和紧急报警系统 控制指示设备》GB 12663
3 《视频安防监控数字录像设备》GB 20815
4 《火灾自动报警系统设计规范》GB 50116
5 《火灾自动报警系统施工及验收标准》GB 50166
6 《民用闭路监视电视系统工程技术规范》GB 50198
7 《通风与空调工程施工质量验收规范》GB 50243
8 《综合布线系统工程设计规范》GB 50311
9 《智能建筑设计标准》GB 50314
10 《智能建筑工程质量验收规范》GB 50339
11 《建筑物电子信息系统防雷技术规范》GB 50343
12 《安全防范工程技术标准》GB 50348
13 《厅堂扩声系统设计规范》GB 50371
14 《视频安防监控系统工程设计规范》GB 50395
15 《出入口控制系统工程设计规范》GB 50396
16 《视频显示系统工程技术规范》GB 50464
17 《公共广播系统工程技术标准》GB 50526
18 《会议电视会场系统工程设计规范》GB 50635
19 《通信局(站)防雷与接地工程设计规范》GB 50689
20 《电子会议系统工程设计规范》GB 50799
21 《建筑机电工程抗震设计规范》GB 50981
22 《建筑电气工程电磁兼容技术规范》GB 51204
23 《民用建筑电气设计标准》GB 51348
24 《外壳防护等级(IP 代码)》GB/T 4208

25　《C频段卫星电视接收站通用规范》GB/T 11442

26　《旅游饭店星级的划分与评定》GB/T 14308

27　《Ku频段卫星电视接收站通用规范》GB/T 16954

28　《基于IP网络的视讯会议系统总技术要求》GB/T 21639

29　《基于IP网络的视讯会议系统设备技术要求》GB/T 21642

30　《公共安全视频监控联网系统信息传输、交换、控制技术要求》GB/T 28181

31　《入侵和紧急报警系统技术要求》GB/T 32581

32　《专用数字对讲设备技术要求和测试方法》GB/T 32659

33　《应急声系统设备主要性能测试方法》GB/T 33856

34　《公众电信网　智能家居应用技术要求》GB/T 39579

35　《有线电视网络工程设计标准》GB/T 50200

36　《综合布线系统工程验收规范》GB/T 50312

37　《绿色建筑评价标准》GB/T 50378

38　《数字同步网工程技术规范》GB/T 51117

39　《楼寓对讲电控安全门通用技术条件》GA/T 72

40　《安全防范工程程序与要求》GA/T 75

41　《安全防范系统验收规则》GA 308

42　《联网型可视对讲系统技术要求》GA/T 678

43　《视频图像文字标注规范》GA/T 751

44　《出入口控制人脸识别系统技术要求》GA/T 1093

45　《厅堂扩声系统声学特性指标》GYJ 25

46　《卫星数字电视接收机技术要求》GY/T 148

47　《时间同步系统》QB/T 4054

48　《基于SDH传送网的同步网技术要求》YD/T 1267

49　《电信设备安装抗震设计规范》YD 5059

50　《建筑设备监控系统工程技术规范》JGJ/T 334

51　《智能建筑工程质量检测标准》JGJ/T 454

52　《住宅小区智能安全技术防范系统要求》DB31/T 294

**53** 《重点单位重要部位安全技术防范系统要求》DB31/T 329

**54** 《入侵报警系统应用基本技术要求》DB31/T 1086

**55** 《单位(楼宇)智能安全技术防范系统要求》DB31/T 1099

**56** 《有限网络建设技术规范》DG/TJ 08—2009—2006

**57** 《公共建筑绿色及节能工程智能化技术标准》DG/TJ 08—2040—2021

上海市工程建设规范

# 智能建筑工程技术标准

DG/TJ 08—2050—2022
J 11325—2022

条 文 说 明

2023　上海

# 目　次

# Contents

# 1 总　则

**1.0.2**　特殊功能建筑无法逐个列出，如博物馆、体育场馆、大型剧场、银行、政府保密机关等，这些部门都有其特有的专用智能化系统，本标准未涉及这方面内容。此类建筑除特有的专用智能化系统外，其他通用的智能化系统可使用本标准。

**1.0.3**　本标准规定建筑智能化系统工程设计应注重智能化工程的综合技术，如建筑信息模型、机电一体化、信息安全等技术，突出以科学务实的技术理念指导设计工作，倡导以现代科技持续对应用现状推进导向的主动性，引导行业提升智能化系统工程技术的发展前景和拓展智能化系统的应用空间。

# 3 基本规定

## 3.1 工程设计

**3.1.1** 参照住房和城乡建设部《建筑工程设计文件编制深度规定（2016版）》标准。

方案设计应从建设方需求分析着手，并以得到建设方确认的需求为目标。

设计单位应配合深化设计单位了解系统情况及要求，审核深化设计单位的设计图纸。

**3.1.3** 各个子系统的详细设计说明应包含具体的计算依据，并列出计算表格；测试验收方案明确所使用的测试仪器及测试标准，并列出主要的测试参数和测试方法。

设备或子系统（包括第三方系统）连接接口的协议、数据流格式。

设备间、弱电间布置详图宜在平面图上标明详图的图号。

## 3.3 调试与试运行

**3.3.1** 接线图（表）包含相关线路标识的定义，方便后续接线、校线工作。

基本软件编程、组态、通信接口数据流格式的定义、系统各单元的逻辑与地址的设定完成，包括图形制作、网络各结点的名称、地址与代号等。

与系统相关专业的工作一般指机电系统设备单体调试、装饰装修配合工作等。

## 3.4 检测与验收

**3.4.3** 工程竣工资料主要包括开工报告、验收申请报告、验收大纲、设计变更文件、竣工图纸、设备及主要材料清单、自检报告、各子系统测试报告及试运行报告,以及工程技术资料等。

# 4 管线敷设

## 4.2 桥架、槽盒及导管安装

**4.2.1** 结合建筑总体设计对各专业 BIM 设计要求开展统一技术规格的建模设计。

**4.2.2** 当线路采用金属导管、刚性塑料导管、电缆梯架或电缆槽盒敷设时,应使用刚性托架或支架固定,吊架或支架的设置应符合现行国家标准《建筑机电工程抗震设计规范》GB 50981 的相关要求。

**4.2.3** 绿色建筑工程中的电缆桥架,应选用生产工艺符合环保要求的彩色涂层钢板电缆桥架;按照现行国家标准《电气安装用电缆槽管系统》GB/T 19215 对电缆托盘、梯架进行色标管理。

**4.2.4** 现行国家标准规范包括现行国家标准《建筑电气工程施工质量验收规范》GB 50303、《综合布线系统工程设计规范》GB 50311、《综合布线系统工程验收规范》GB/T 50312、《火灾自动报警系统设计规范》GB 50116、《民用建筑电气设计标准》GB 51348 和《建筑机电工程抗震设计规范》GB 50981 等。

**4.2.5** 防火封堵设置,应符合现行国家标准《建筑设计防火规范》GB 50016 的相关要求,按电缆桥架贯穿孔洞的形状和条件,采用相应的防火封堵材料或防火封堵组件。抗震设置应符合现行国家标准《建筑机电工程抗震设计规范》GB 50981 的相关要求。

## 4.3 线缆敷设

**4.3.2,4.3.3,4.3.5,4.3.6** 现行国家标准包括《智能建筑设计

标准》GB 50314、《综合布线系统工程设计规范》GB 50311、《综合布线系统工程验收规范》GB/T 50312、《安全防范工程技术标准》GB 50348、《火灾自动报警系统设计规范》GB 50116、《民用建筑电气设计标准》GB 51348 等。

## 4.4 管线敷设的自检与验收

**4.4.5** 本条所指现行国家标准包括《建筑电气工程施工质量验收规范》GB 50303、《智能建筑设计标准》GB 50314、《综合布线系统工程设计规范》GB 50311、《综合布线系统工程验收规范》GB/T 50312、《安全防范工程技术标准》GB 50348、《智能建筑工程施工规范》GB 50606 等。

# 5 建筑设备管理系统

## 5.1 一般规定

**5.1.2** 通信接口常见为 RS232、RS485、RJ45 网口、USB 等,通信协议常见为 ModBus、BACnet、OPC、API、SDK、ODBC、TCP/IP等,数据传输介质包含无线 Wi-Fi、5G、铜缆或光纤通信等。

**5.1.3** 建筑能效监管系统设计应符合现行行业标准《公共建筑能耗远程监测系统技术规程》JGJ/T 285 和上海市工程建设规范《公共建筑绿色及节能工程智能化技术标准》DG/TJ 08—2040—2021 的有关规定。

## 5.2 建筑设备监控系统

**5.2.3** 建筑设备监控系统图应体现系统总体构架、传输系统的路由、楼层现场控制器配置及其编号、现场控制对象以及其他系统的集成或联动方式。原理图主要是对各子系统涉及的设备、仪表等的控制逻辑与子系统之间的控制原理等进行说明,包括冷热源系统的控制原理图、各类空调设备的控制原理图、空调末端设备控制原理图、供配电及照明设备控制原理和给排水系统及设备的控制原理图等。监控点表应根据设计要素的功能要求充分反映受控设备的监控功能及其数量,包括通过通信接口获得的监控对象的数据点。

**5.2.4** 执行机构包括风阀和电动阀,风阀控制器的输出力矩应与风阀所需的力相匹配,并符合设计要求。电动阀执行机构应固定牢固,阀门整体应处于方便操作的位置,手动操作机构面向外操作;有阀位指示装置的阀,阀位指示装置应面向便于观察的位置。

**5.2.5** 建筑设备监控系统单体调试需按照调试大纲要求进行,其主要包括调试程序、测试项目、方法、测试用的仪表仪器的测试记录表格和相关的技术标准等。根据调试大纲要求,现场控制器应能正常监控空调及通风系统、冷热源系统、变配电系统、照明系统、给排水系统与电梯及自动扶梯系统,并满足设计功能要求。关闭中央管理工作站、服务器、交换机与数据通信网关等,系统现场控制器及受控的设备应运行正常;关闭现场控制器电源后,重新通电现场控制器应能自动检测受控设备的运行记录和状态并予以恢复。根据设计点表与功能需求,中央管理工作站图形界面应能设置系统运行模式与参数,正常监控空调及通风系统、冷热源系统、变配电系统、照明系统、给排水系统与电梯及自动扶梯系统等。中央管理工作站系统软件具有弹框报警显示功能,能同步显示多个趋势曲线,建立历史资料数据库,并生成各种数据报表,可实时显示和打印。

**5.2.6** 建筑设备监控系统的调试环境包括温度、湿度、防静电、电磁干扰等因素。

**5.2.7** 根据相关的点位表,将表上的受控设备逐个进行现场手动测试,现场控制器应能接收到每个受控设备的监视信号;按照点位表要求,现场控制器也应能远程控制受控设备。测试过程中应有测试记录资料。

对中央管理工作站的检测以功能性为主,当中央管理工作站图形界面切换系统运行模式与设置不同参数时,各系统设备应能根据不同系统运行模式正常切换,并稳定运行;根据设计点表,改变现场设备运转状态,测试中央图控界面单个设备的状态应显示正确;模拟报警信号测试中央管理工作站系统软件弹框报警显示功能应正常、准确;查阅历史曲线记录,检查同步显示多个趋势曲线应正常;核查历史数据库报警记录,并生成数据报表,测试实时显示和打印功能应符合设计要求。

## 5.3 建筑能效监管系统

**5.3.1** 建筑能效监管系统应有建筑能效公示模块,公示方式采用列表、趋势图、饼图、柱状图等,界面直观,支持用户按需配置。

**5.3.2** 能效计量表具是用来度量电、燃气、燃油、冷(热)量、水、其他等能源消耗的传感器(变送器)、二次仪表及辅助设备的总称,其中包括水表、电能计量表具、燃气表、热量表等。

**5.3.3** 中央管理工作站软件能统计各类能效的信息,同步显示多个趋势曲线,建立历史资料数据库,并生成各种数据报表,可实时显示和打印。公共建筑的节能数据需按上海市公共建筑能耗监测平台对能耗数据统一监管数据的要求执行。

# 6 建筑火灾自动报警系统

## 6.2 火灾自动报警系统

**6.2.1** 火灾自动报警系统的交流电源应采用消防电源,备用电源可采用蓄电池电源或消防设备应急电源,消防控制室图形显示装置、消防通信设备等的电源宜采用 UPS 装置或消防设备应急电源。当备用电源采用消防设备应急电源时,火灾报警控制器和消防联动控制器应采用单独的供电回路。

**6.2.2** 火灾自动报警系统的联动关系表是该系统调试开通的关键环节,一般在设计联络会上明确与各机电系统、消防应急广播、防火门监控等接口后制定,联动关系表是火灾自动报警系统联动逻辑编程的依据,也是用于后期综合联调期间的功能验证依据。

**6.2.3** 火灾自动报警系统深化设计文档:其中的系统图应能反映系统设计的总体构架、主机或区域机的位置,应能在系统回路中反映探测器、联动、报警类型、接口方式和数量;其中的系统联动控制点位及接口界面联动表应按楼层标明联动设备名称、位置、接口方式和联动的技术要求等,以便指导具体施工及调试作业。

**6.2.5** 线型红外光束感烟火灾探测器的发射器和接收器不宜安装在金属等易受环境温度变化而产生物理变形的物体上,确保系统的可靠运行。

探测器报警确认灯面向便于人员观察的主要入口,是为了让值班人员能迅速找到报警的探测器,便于及时处理事故。

**6.2.6** 消防电话、电话插孔、带电话插孔的手动报警按钮宜安装在明显、便于操作的位置。

**6.2.7** 备用电源采用火灾报警控制器和消防联动控制器自带的

蓄电池电源时,蓄电池组的容量应保证火灾自动报警及联动控制系统在火灾状态同时工作负荷条件下连续工作 3 h 以上。

**6.2.8** 对火灾自动报警系统的联调,即在系统联调之前各项设备、系统均经过调试并已合格后,将这些设备及系统连接组成完整的火灾自动报警系统对其进行联调,进行联调的目的是检查整个系统的关系功能是否符合现行国家标准和设计的联动逻辑关系要求,全面调试系统的各项功能。

**6.2.11** 火灾自动报警系统验收要求主要包含下列内容:

系统形式:查看系统的设置形式并核对消防设计文件,应符合国家标准《火灾自动报警系统设计规范》GB 50116—2013 第 3.2.1 条的规定。

火灾探测器的报警功能:测试火灾探测器的报警功能应符合国家标准《火灾自动报警系统施工及验收标准》GB 50166—2019 第 4.3.4 条~第 4.3.12 条的规定,抽查火灾探测器、可燃气体探测器、手动火灾报警按钮、消火栓按钮等,并核对其证明文件,应符合国家标准《火灾自动报警系统施工及验收标准》GB 50166—2019 第 2.2.1 条~第 2.2.5 条的规定。

火灾报警控制器、联动设备及消防控制室图形显示装置:应查看设备选型、规格、布置、打印、显示、声报警、光报警、相关设备联动控制功能是否满足要求,消防电源及主、备切换功能应正常,消防电源监控器安装应正常,抽查消防联动控制器、火灾报警控制器、消防控制室图形显示装置、火灾显示盘、消防电气控制装置、消防电动装置、消防设备应急电源等,并核对其证明文件,应符合国家标准《火灾自动报警系统施工及验收标准》GB 50166—2019 第 3 章和第 4 章的相关要求。

系统功能:应查看故障报警、探测器报警、手动报警功能是否满足要求,并测试设备联动控制功能,应符合国家标准《火灾自动报警系统施工及验收标准》GB 50166—2019 第 4 章的相关要求。

# 7 安全技术防范系统

## 7.1 一般规定

**7.1.1** 同时符合现行行业标准《安全防范系统验收规则》GA 308、《视频安防监控系统技术要求》GA/T 367,现行国家标准《住宅小区安全防范系统通用技术要求》GB/T 21741、《安防监控视频实时智能分析设备技术要求》GB/T 30147、《安全防范视频监控人脸识别系统技术要求》GB/T 31488、《安全防范系统供电技术要求》GB/T 15408、《居家安防智能管理系统技术要求》GB/T 37845、《入侵报警系统工程设计规范》GB 50394、《出入口控制系统工程设计规范》GB 50396 的规定。

**7.1.2** 安全技术防范工程的建设应将人力防范、实体防范、电子防范等手段有机结合,本标准针对电子防护系统建设作相关要求,人力防范、实体防范的技术要求应符合现行国家标准《安全防范工程技术标准》GB 50348 的规定;系统的安全性设计应防止造成对人员的伤害,保证系统的信息安全性,考虑系统的防破坏能力,其技术要求应符合国家标准《安全防范工程技术标准》GB 50348—2018 第 6.6 节的规定。

**7.1.4** 安全技术防范系统的深化设计文档应满足本标准第 3.1.3 条的要求,深化设计任务书是申报技防验收的要求,其包括但不限于任务来源、工程范围、设计依据、设计要求及防范效果等内容。

**7.1.7** 施工验收应依据设计任务书、深化设计文件、工程合同等竣工文件及国家、本市现行有关标准,按国家标准《安全防范工程技术标准》GB 50348—2018 表 10.2.1 列出的检查项目进行现场检查,并做好记录。隐蔽工程的施工验收均应复核随工验收单或监理报告。施工验收应根据检查记录,按上述表 10.2.1 规定的计算方法统计合格率,给出施工质量验收结论。

技术验收应依据设计任务书、深化设计文件、工程合同等竣工文件和现行国家有关标准,按国家标准《安全防范工程技术标准》GB 50348—2018 表 10.3.1 列出的检查项目进行现场检查或复核工程检验报告,并做好记录。技术验收的其他要求也应符合国家标准《安全防范工程技术标准》GB 50348—2018 第 10.3 节的规定。

资料审查按国家标准《安全防范工程技术标准》GB 50348—2018 表 10.4.1 所列项目与要求,审查竣工文件的规范性、完整性、准确性,并做好记录。根据审查记录按照上述表 10.4.1 规定的计算方法统计合格率,并给出资料审查结论。

## 7.2 入侵和紧急报警系统

**7.2.1** 现行上海市地方标准《重点单位重要部位安全技术防范系统要求》DB31/T 329、《住宅小区智能安全技术防范系统要求》DB31/T 294 针对不同的单位和部位,对入侵和紧急报警系统信息存储时间要求不一。

**7.2.5** 当有声音复核要求时,检查重要区域和重要部位的入侵探测装置报警功能,复核现场声音效果,应清晰、真实。当有联动要求时,检查报警防区及其对应的全部联动设备的动作情况,检查结果应符合设计要求。

## 7.3 视频安防监控系统

**7.3.5** 当系统具有视频、音频分析功能时,复核视频安防监控系统的行为识别、目标识别、场景分析、异常声音分析报警等功能,检查结果应符合设计要求。

## 7.4　出入口控制系统

**7.4.3**　各种读卡机在使用通用卡、定时卡、失效卡、黑名单卡、加密卡及防劫持卡等不同类型的卡时,调试其开门、关门、提示、报警、记忆、统计和打印等判别与处理功能。对具有报警功能的访客(可视)对讲系统,应按现行国家标准《入侵和紧急报警系统控制指示设备》GB 12663 及相关标准的规定,调试其布防、撤防、报警和紧急求助功能,检查传输及信道,应无堵塞情况。

**7.4.5**　现场模拟发生火警或紧急疏散,复核系统应具备允许由其他紧急系统(如火灾等)授权自由出入的功能,抽查结果应符合建筑物消防要求。

　　当访客(可视)对讲系统具有报警控制及管理功能时,检查结果应符合现行行业标准《楼寓对讲系统安全技术要求》GA 1210 的相关要求。当系统具有无线扩展终端时,复核无线扩展终端不得具有报警控制管理、控制开启入户门锁功能,检查结果应符合系统安全要求。

## 7.6　停车库(场)管理系统

**7.6.1**　功能设计应包括一车一卡制,实现资料的存档、查询,保证对车辆的管理质量;具有对进出车辆凭证进行有效识别和开闸放行功能;选择接触式或非接触式读卡器;系统具有设备故障告警功能;系统可具备图像识别功能,自动识别车牌号码;系统具有车辆停车计费功能,有多种收费方式;道闸需具备防砸车功能;具备空车位显示功能;具备车位引导功能;具备车辆查询服务和反向寻车功能;系统建立后台记录和查询,对车辆进行有效的出入管理。

## 7.7 安全防范管理(平台)系统

**7.7.1** 本地智能应用应包括各安防子系统本地独立应用、各安防子系统本地联动应用、安防系统本地集成应用、防护区域/防护目标本地智能应用、防护区域/防护目标本地数据采集、系统运行状态本地数据采集(含前端设备信息及三维地理信息属性标注)等,联网智能应用应包括实有人口日常管理、服务人员日常管理、重点人群管控管理、重点管控人员数据采集、人脸抓拍比对应用、人脸抓拍数据采集、车辆牌照数据采集、危险物品日常管理、阻车路障运行管理、智能分析系统管理、技防设备监督管理应用等。

安全防范管理(平台)系统功能具体包括:集成应能对安防各子系统进行控制与管理,实时监控系统和设备的运行;权限管理应能实现权限管理功能,系统用户、设备等应划分不同的操作和控制权限;联动控制应能实现相关子系统间的联动,并以声光、文字、图形方式显示联动信息;信息管理应能实现系统报警、视频图像等各类信息的存储管理、检索与回放;日志管理应能对操作员的操作、系统运行状态等进行显示、记录与查询;统计分析应能对系统数据进行统计、分析,生成相关报表;系统校时应能对系统及设备的时钟进行自动校时,计时偏差应符合相关管理要求;预案管理应能针对不同的报警或其他应急事件编制、执行不同的处置预案,并对预案的处置过程进行记录;外部接口应具有与其他信息系统集成的接口或能力;人机界面系统软件应采用中文界面;系统应具有故障隔离功能,系统故障或某一子系统的故障不应影响各子系统的独立运行;安全防范管理(平台)系统的数据库、信息分发及安全认证等重要服务器应采用冗余设计,宜进行双机备份。

# 8 信息设施系统

## 8.1 一般规定

**8.1.2** 通信接入设备的安装应符合现行行业标准《宽带光纤接入工程验收规范》YD 5207、《固定电话交换网工程验收规范》YD 5077、《分组传送网（PTN）工程验收暂行规定》YD 5200、《光纤到户（FTTH）工程施工操作规程》YDT 5228 的有关规定。

**8.1.3** 无线对讲系统的工作频率应合法合规，并符合《关于 150 MHz 400 MHz 频段专用对讲机频率规划和使用管理有关事宜的通知》（工信部〔2009〕666 号）文件及工业和信息化部关于印发《无线电频率使用率要求及核查管理暂行规定》（工信部无〔2017〕322 号）通知的各项规定。

## 8.2 综合布线系统

**8.2.1** 预端接光缆相对于熔接或快速连接技术而言，其制造和测试工作都是在工厂的特定环境实施，保证产品的准确性、严密性，实现工程现场的快速布线，是适用于高密度、高可靠性布线需求的新型光纤布线解决方案。

自动化基础设施管理系统参考标准包括 ISO/IEC 18598、ISO/IEC 14763-2、TIA 606-B 所定义的 Automated Infrastructure Management（AIM），对于综合布线系统的应用主要为智能配线系统。

## 8.3 信息网络系统

**8.3.1** POL 是基于 PON 技术的局域网组网方式。该组网方式采用无源光通信技术,为用户提供融合的数据、语音、视频及其他智能化系统业务。

## 8.5 移动通信室内信号覆盖系统

**8.5.1** 无线覆盖系统配置主要包括信号源、信号分布系统和用于多系统合路的多频段合路器三个部分。信号源与局向中继的接口原来一般采用 E1 方式连接,现阶段新建信号源原则上考虑 IP 化传输,GSM 系统基本每 5 载波配置一个 2M 带宽,针对 LTE 系统的 S1/X2 接口,基本采用 IP 化传输。

在室内信号杂乱且不稳定、室外基站话务拥塞的无线环境中,宜采用基站、皮站作为信号源;在室内信号较弱或覆盖盲区的环境中,宜采用射频直放站作为信号源;对于建筑内话务量大和通信质量要求高的场所,宜采用基站、分布式皮站作为信号源;建筑规模较小、不宜设置射频直放站时,宜选用一体化皮站、光纤直放站或射频远端单元作为信号源;本身设有室外宏蜂窝基站的建筑,当基站设备配置有余量时,宜耦合部分基站信号作为本建筑的信号源。

采用耦合基站信号方式时,应采用插入损耗小的耦合器,最大幅度地减少对室外发射功率的影响;采用有源放大设备时应合理设置增益,防止噪声干扰;射频、光纤直放站的位置应满足与接入天线的距离不宜过长,并能充分利用直放站的输出功率。新建室内覆盖采用分布式基站作为信号源,应将 BBU 安装在机房,RRU 安装在建筑的中心位置。

室内目标覆盖区的类型应为室内盲区、话务量高的大型室内

场所和发生频繁切换的室内场所;

对于层高较低、内部结构复杂的室内环境,宜选用全向吸顶天线;对于较空旷且以覆盖为主、传播环境较好的区域,宜采用高输出功率、低密度的天线分布方式,满足信号覆盖和接收场强值的要求即可。建筑边缘宜采用室内定向天线,防止室内信号泄漏到室外而造成干扰,根据安装条件可选择定向吸顶天线或定向板状天线。

信号源与室外基站之间的无线接口,可直接通过定向天线采用空间耦合的方式得到无线信号。信号源与分布系统之间的接口可采用直接耦合,距离远时也可采用光耦合。

**8.5.2** 一体化皮飞站为功率 100 MW～500 MW、BBU＋RRU＋天线合一的小型化基站设备,主要采用 E 频段,一般采用交流电源,可直接从插座取电。设备可挂墙安装或天花板吊装,也可作为普通电子设备放置在桌上。

## 8.6 无线对讲系统

**8.6.1** 共网建设指通过合路方式、共用一套无源射频信号覆盖网络,实现多个无线对讲系统信号的覆盖。无源射频信号覆盖网络指功分器、耦合器、射频电缆及天线组成的射频信号传输网。

与建筑安全相关的专用无线通信系统是满足建筑综合安全保障单位的专用通信系统,包括公安、消防救灾、海关、边防、武警通信、调频广播。不应通过增加使用频率数量达到扩展信号覆盖区域的目的。

信道机、基站及对讲机应具有中华人民共和国工业和信息化部颁发的型号核准证,信道机、基站及对讲机指标应符合工信部〔2009〕666 号文件中的相关产品指标要求,主要设备应具有国家认证检测机构颁发的产品检测报告。

**8.6.3** 无源射频信号覆盖网络指功分器、耦合器、射频电缆及天线组成的射频信号传输网。

对讲通信分组信息包括使用群体根据业务通信需要,对设备终端进行分配、定义通信组群组成员、对讲机分组设置等综合信息。

## 8.7 有线电视及卫星电视接收系统

**8.7.1** 有线电视接入网如对前端技术有不同需求,网络传输要求与本标准不相同的部分,其工程设计、调试与验收等可按当地有线电视主管单位的专项规定执行,不属本标准内容。

卫星电视天线系统包括卫星接收天线、馈源、高频头。选用双极化高频头能使馈源与高频头为一整体,以降低损耗、提高性能。

卫星电视主要前端设备包括功分器、卫星接收机、频道调制器、制式转换器、混合器、放大器和供电器等。

**8.7.5** 线缆敷设主要包括管道、光缆、电缆及建筑物内线缆,线路节点设备和器材安装主要包括交接箱、分支器、分配器及配线箱。

## 8.8 公共广播系统

**8.8.1** 系统的电声性能指标应符合下列规定:

公共广播系统配置在室内时,相应的建筑声学特性宜符合现行国家标准《剧场、电影院和多用途厅堂建筑声学设计规范》GB/T 50356 和现行行业标准《体育场馆声学设计及测量规程》JGJ/T 131 的有关规定。易燃易爆区域内的公共广播系统,应符合现行国家标准《爆炸性环境 第 1 部分:设备 通用要求》GB/T 3836.1 和《爆炸性环境 第 2 部分:由隔爆外壳"d"保护的设备》GB/T 3836.2 的有关规定。

当传输距离在 3 km 以内时,广播传输线路宜采用普通线缆传送广播功率信号；当传输距离大于 3 km,且终端功率在千瓦级以上时,广播传输线路宜采用同轴电缆、超五类以上平衡双绞线缆、光缆传输低电平广播信号。

定压式扬声器的额定工作电压应与广播线路额定传输电压相同。定压式功率放大器的标称输出电压应与广播线路额定传输电压相同。

## 8.9　信息导引及发布系统

**8.9.1**　宜进行信息播控设备、传输网络、信息发布屏设备和信息导引设施或查询终端等的配置及组合。

触摸屏设备外观应与建筑整体风格相匹配,且便于维护;应根据红外、电容式、电阻式、表面声波式等触摸屏的不同技术和优缺点,综合考虑所应用的环境;室外机型应有防雨、防潮、防腐蚀及防尘等设施;系统硬件、软件应保证长时间无维护运行的需要,同时提供可靠的快速起停功能。

接口宜由物业管理系统提供软件接口或数据库结构,由信息显示软件负责调用。

**8.9.5**　显示屏交流功耗检测时,显示大屏中的 LED 显示屏测试量化指标应符合现行行业标准《发光二极管(LED)显示屏测试方法》SJ/T 11281 的规定。

## 8.10　会议系统

**8.10.1**　IP 视频会议特指支持 ITU‐T H.323 协议族的视频会议系统,包括视频会议终端 VCT、数字传输网络、多点控制单元 MCU、网守等部分;相关技术规范宜参考现行国家标准《基于 IP 网络的视讯会议系统总技术要求》GB T 21639;MCU 的相关技术规范宜参考现行国家标准《基于 IP 网络的视讯会议系统设备技

术要求 第 3 部分:多点控制单元(MCU)》GB/T 21642.3。云视频会议是以云计算为核心,服务提供商建设云计算中心,采用公有云、混合云或私有云部署方式,让用户通过现有网络进行视频会议。

数据分析系统至少应包括会议室统计分析、区域统计分析、会议室类型统计分析、会议统计分析、会议室故障情况统计分析及应用使用情况等内容。

## 8.11 客房控制系统

**8.11.1** 客房控制系统基于网络系统,整个系统包括计算机网络通信管理软件和智能客房控制硬件系统两部分,采用 TCP/IP 协议和 SQL Server 数据库。网络型客房信息与控制系统集智能灯光控制、空调控制、服务控制与管理功能于一体,帮助酒店各级管理人员和服务人员对酒店运行过程中产生的各类数据和信息进行分析处理,从而实现科学管理。系统底层直接采用基于总线型的网络系统,每个客房控制器都有其独立的网络地址,客房内RCU 箱的各功能控制模块采用非屏蔽平衡双绞线连接,房间RCU 与楼层交换机采用网线连接,实现所有客房联网。各个楼层的数据通过楼层交换机进行数据集中和转发,保证系统数据的完整和稳定。

**8.11.3** 对系统中所有房间的数据和智能化系统实时运行情况进行校对,发现的房间数据和布点图的制作错误应进行修改。在调试中,详细记录调试运行情况并存档。总调基本完成后,全部系统应能协调动作,再按设计要求的各子系统功能和系统集成功能进行逐项测试,形成测试报告作为系统调试的成果。

**8.11.4** 通过对运行数据分析、统计,使管理人员能及时了解建筑运行情况,提前做出维护方案,同时对智能建筑的物业进行规范化管理,提高管理效率且方便维护。

## 8.12 时钟系统

**8.12.1** 系统适用于需统一时间以进行正常运作的智能建筑,可为智能建筑内基础网络设备或子系统等提供统一的同步时间源;时钟系统宜优先采用分布式客户端/服务器(B/S)模式,可采用总线、自由拓扑、星型拓扑等结构组网。

母钟2路输入基准信号中一路为卫星信号,另一路可溯源至国家全网基准时钟。母钟可有多种时码输出接口,如 TC89/90、国标 CCTV 逆程时码、LTC EBU 时码输出、IRIG 时码输出等。

系统守时模块掉电后,母钟应能自守时10年。母钟的时码输出接口宜提供 RS232、RS485 方式,以 CANBUS、EBU、RIGI-B 及脉冲等多种格式的时间编码输出;或其他传输方式北京时间码信号输出,确保兼容性需要;对进口设备应考虑与国产信号源、输入输出端口、设备接口和软件的兼容性。通过卫星、无线、网络等方式提供时钟源,应有防欺诈设计,通过卫星、无线、网络等方式提供时间的外部时钟源在非工作时间应与授时服务器断开或采取有效的隔离措施。

子钟的时间显示选择不同格式和材质,如数码管显示或点阵显示等,格式如时分、时分秒、时钟万年等,且至少宜显示时、分。根据设备功能对设备控制是指对子钟进行时间设定、对倒计时钟进行倒计时值设定、控制子钟亮度等。

监控终端的安全管理功能对用户进入网管系统时,应要求输入口令,否则禁止进入;用户只能在系统中获得系统统一分配的操作权限;用户的操作网元应在许可的范围内,用户对系统所指定的范围外的网元不能进行任何操作。

智能建筑采用 GPS/北斗卫星信号接收单元接收卫星时标信号,宜为支持单 GPS、单北斗、双 GPS、双北斗、GPS/北斗双系统接收机等,系统配置应能够智能判别时间基准信号的稳定性和优劣,并提供多种时间基准配置方法。

**8.12.3** 单项报警功能测试,采用人为制造符合报警触发要求的故障,如手动切断单个设备电源等方法测试监控系统的故障报警功能,如有系统触发的,可手工设置系统偏差触发测试。报警信号应能保持到手动复位,报警信号无丢失。故障报警应满足项目设计要求的性能和效果,故障记录和打印等满足设计要求。对多点同时报警的,监控设备应能区别显示不同的报警区域地址,并按项目设计的方式报警。每个报警信号应能保持到逐个手动复位,报警信号均无丢失。报警性能和效果满足设计要求,记录和打印测试满足设计要求。

**8.12.5** 母钟的输出口同步偏差不应大于设计要求。使用秒表检测子钟与母钟的时间显示偏差不应大于设计要求。

对可靠性验收,除能可靠接收或输出标准时间信号等功能外,还要求在正常使用条件下不应停走;在正常运行期间,母钟和子钟的使用应可靠。母钟在正常运行期间累计误差不应大于设计要求。子钟显示应正常、清楚,不应有隐现、不显示等现象。

## 8.13 智能家居系统

**8.13.1** 家居信息可由用户使用智能家居终端和智能家居应用获得,可提供控制类、安防告警类、娱乐类、视频监控类、沟通类、信息类、计量类、监护类、环境监测类等功能,并支持故障上报、恢复初始状态、报警优先级、日志等功能。系统功能及技术要求应符合现行国家标准《公众电信网 智能家居应用技术要求》GB/T 39579 的相关规定。

**8.13.2** 家居环境探测传感器安装在墙面上时,安装位置宜离地面 2 m。传感器的具体安装位置应依据设备说明书的要求执行。

控制模块集中放置于智能家居控制箱内,以便系统的布线和日后的维护。

**8.13.3** 调试阶段应测试室内机开闭、温度调节、风速调节、模式选择等功能；系统能根据室内空气环境自动调节，保证室内空气温湿度为设定值；根据室内甲醛、$CO_2$、空气质量指数 PM 值自动控制新风设备，保证室内的空气质量。

联动调试阶段，宜通过对家居空气环境的温湿度、甲醛、$CO_2$、空气质量指数 PM 值的监测，联动控制智能供暖、新风与空调系统实现空气环境自动调节；通过对家居水环境的水硬度、浊度、pH 值等指数的监测，联动控制智能家用电器系统实现净化功能；对家居光环境的光照亮度、紫外线辐射等进行监测，并联动控制智能照明系统、智能遮阳系统。

# 9  建筑智能化集成系统

## 9.2  智能化集成系统

**9.2.1**  智能化集成系统的开放式结构应能通过统一的软件平台管理各种设备、获取各类信息、联动各类报警。系统宜开放性地支持 RS232、RS485、RJ45 网口、USB 等各种通信接口，支持 ModBus、BACnet、OPC、API、SDK、ODBC、TCP/IP 等标准协议，并对已有的及未来可能扩展的子系统或功能、第三方异构软件等具有较好的兼容性或方便对接，宜能直接调用或灵活使用第三方软件所提供的功能或读取数据，实现信息共享服务。

**9.2.2**  智能化集成系统应尽可能使用智能建筑中的综合布线和计算机网络硬件等基础设施和设备，以便于网络扩展和升级，减少维护和培训工作量，提高系统性价比。

**9.2.3**  智能化集成系统软件包括操作系统、数据库及集成系统平台应用软件、通信协议和软件接口程序等。

**9.2.4**  云平台体系架构一般分为终端执行及感知层、中间的通信网络层和上面的管理应用层。

**9.2.5**  所有数据都保存在集成系统数据库中，集成系统的监控平台通过中间件访问各子系统数据时，如果子系统的数据输出接口通信协议特殊，则根据通信标准，应为该系统定制专用的通信协议转换模块或专用接口服务程序。

**9.2.9**  各部分子系统模块调试时，在排除硬件故障的可能后，对于不能正常工作的软件，应由接口开发人员到现场测试（调试）。

**9.2.13**  智能化集成系统验收需具备的技术文档宜包括工程合同及附件、供货合同及附件、补充合同及附件、系统设计方案文档

（包括软件设计总体框架、系统需求分析及软件主要功能描述，包括系统软件设计的逻辑框图等）、应用系统设计文件、工程技术文件、集成系统或子系统测试记录及验收文件、集成系统测试和试运行记录和报告以及工程实施报告和用户报告。

# 10 机房工程

## 10.1 一般规定

**10.1.1** 智能化设备间是指用于集中安装智能化系统后端设备的房间,包括各建筑内的弱电间。

## 10.2 机 房

**10.2.1** 设备布局包括机柜(箱)、配电箱(柜)、UPS 主机及蓄电池组、空调等。

**10.2.3** 装饰装修设计主要包括吊顶、隔墙、地面、活动地板、内墙、顶棚、柱面和门窗等。

**10.2.4** 电气系统主要包括供配电设备、照明设备和配电线路等。

电子信息设备指对电子信息进行采集、加工、运算、存储、传输、检索等处理的设备,包括服务器、交换机、存储设备等。

**10.2.5** 设计时除计算热负荷量配置空调容量外,还应考虑设备机柜的布局和气流组织关系,以获得良好的空调功效,还应考虑空调系统的除尘、排风、冷却、送风、回风等综合因素,并充分考虑新风补充。

**10.2.7** 环境和设备监控系统由监控主机、监控软件及现场智能采集设备组成,主要对机房内重要设备运行情况、特定区域温湿度情况、空调系统漏水情况等进行监测,发现问题及时报警,提醒工作人员及时处理,保证机房环境及设备处于正常工作状态。

**10.2.8** 机房工程设计文档主要由工程设计任务书、设计方案、系统配置、工程量清单、材料说明表、设计图纸等组成。

**10.2.9** 隔墙主要包括轻钢龙骨隔墙、玻璃隔墙、金属饰面板隔墙等非承重轻质隔墙及实体隔墙。

地面施工主要包括原建筑地面处理,不安装活动地板的装饰砖、石材等面层材料的铺设,防尘、防潮材料的施工以及防静电地面的施工等。

**10.2.10** 电气系统主要包括金属电线管和金属线槽施工,电缆敷设及端接,照明、插座开关安装,配电箱(柜)安装,不间断电源系统设备安装等。

**10.2.11** 空调系统风管部件包括阀门、风罩、风口、过滤器、消声器等。加工风管时,镀锌层损坏处应涂 2 遍防锈漆。

# 11 建筑防雷与接地

## 11.2 防雷与接地

**11.2.1** 室外电子类设备包括安全防范系统的室外摄像机、室外出入口读卡器、闸机、建筑设备监控系统室外传感器、执行器等。

**11.2.2** 防雷与接地的施工图应包括安装详图,可独立绘制,也可并入相应的子系统。

**11.2.8** 通信设备主机和传输设备使用传输线连接时,主机和传输设备应尽量缩短距离,避免因等电位连接不好,造成线路过电压保护困难。如无法解决,可以考虑采用光缆连接。相应安装机架接地是为了增加屏蔽电缆的屏蔽效果,降低端口的雷电过电压。

**11.2.9** 其他子系统包括通信接入网、电话交换系统、信息网络系统、安全防范系统、火灾报警系统、建筑设备管理系统、有线电视系统、卫星通信系统等。